헬리콥터 · UAM 조종사를 위한
시계비행절차서

◆ 헬기장과 버티포트 ◆

유태정 지음

항공안전연구소

헬기장과 버티포트

헬리콥터·UAM 조종사를 위한 시계비행절차서

초판 1쇄 인쇄일 2024년 10월 16일
초판 1쇄 발행일 2024년 10월 31일

지은이 유태정
펴낸이 김세희

펴낸곳 항공안전연구소
출판등록 제409-2021-000047호
주소 경기도 김포시 김포한강10로 133번길 127, 733호(구래동)
대표전화 070.8290.5569   팩스 031.8056.9592
이메일 admin@asi.or.kr
홈페이지 www.asi.or.kr
ISBN 979-11-977685-0-7 (13550)

목 차

제 1 장 일반사항

제 2 장 헬기장 입출항 절차

산림항공관리소

소방청 항공대

경찰 항공대

해양경찰 항공대

응급의료 병원

민간 헬기장

□ 서울·인천 지역

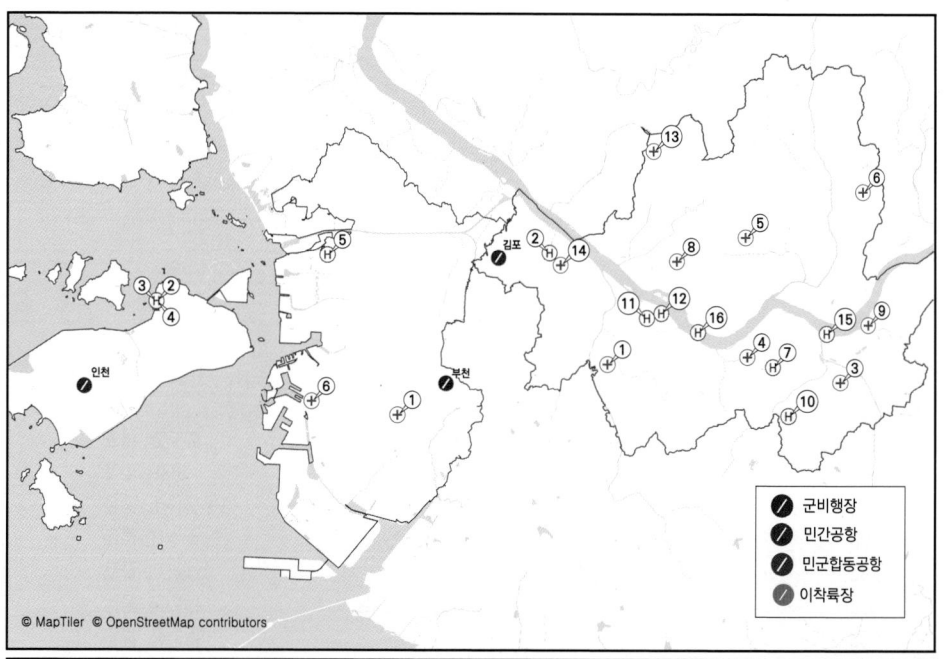

© MapTiler © OpenStreetMap contributors

군비행장
민간공항
민군합동공항
이착륙장

□ 경기·강원 지역

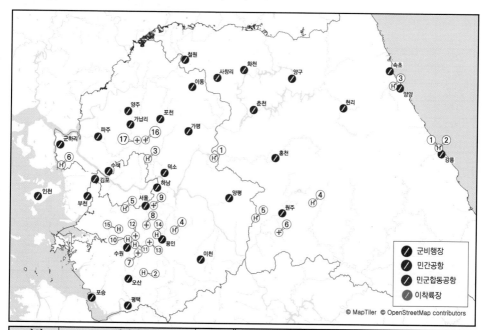

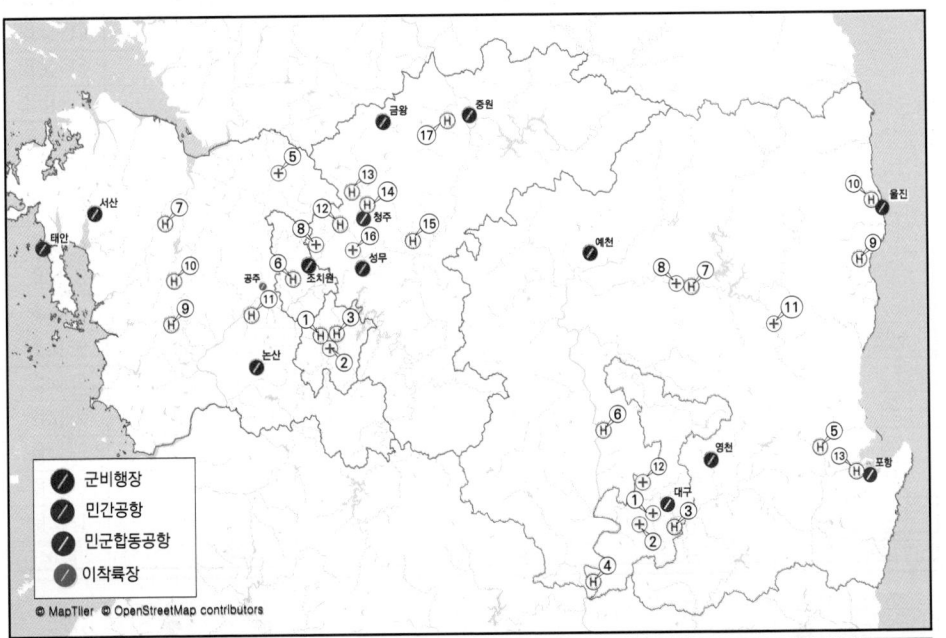

지역	헬기장	Page	지역	헬기장	Page
충청-1	대전 정부청사	247	경북-1	대구 경북대학병원	156
충청-2	대전 을지병원	162	경북-2	대구 삼일병원	158
충청-3	헬리코리아(대전)	249	경북-3	대구 종합경기장	245
충청-4	세종 충남대병원	192	경북-4	영남 중앙119 항공대(대구)	118
충청-5	천안 단국대학병원	222	경북-5	경북 소방항공대(포항)	94
충청-6	세종 정부청사	251	경북-6	구미 삼성전자	240
충청-7	UI 헬리콥터(예산)	269	경북-7	안동 산림항공관리소	52
충청-8	오송 베스티안병원	196	경북-8	안동병원	194
충청-9	청양 산림항공관리소	76	경북-9	영덕 삼성 연수원	267
충청-10	충남 소방항공대(청양)	112	경북-10	울진 산림항공관리소	61
충청-11	충남 경찰항공대(공주)	136	경북-11	청송 보건의료원	224
충청-12	오창 LG 화학	272	경북-12	칠곡 경북대학병원	228
충청-13	진천 산림항공관리소	73	경북-13	포항 포스코	292
충청-14	청주 RHF	290	-	-	-
충청-15	충북 경찰항공대(청주)	133	-	-	-
충청-16	청주 충북대학병원	226	-	-	-
충청-17	충강 중앙119 항공대(충주)	121	-	-	-

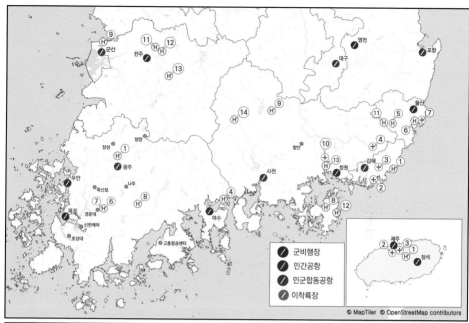

지역	헬기장	Page	지역	헬기장	Page
전라-1	광주 삼성전자	238	경남-1	부산 소방항공대	97
전라-2	광주 전남대학병원	150	경남-2	부산대학병원	166
전라-3	광주 조선대학병원	152	경남-3	부산의료원	168
전라-4	광양 포스코	236	경남-4	양산 부산대학병원	198
전라-5	목포 한국병원	164	경남-5	울산 소방항공대	100
전라-6	영암 산림항공관리소	58	경남-6	울산 현대차	280
전라-7	전남 소방항공대(영암)	104	경남-7	울산대학병원	202
전라-8	호남 중앙119항공대(화순)	124	경남-8	거제 삼성중공업	230
전라-9	군산 해양경찰 항공대	142	경남-9	경남 소방항공대(합천)	91
전라-10	익산 원광대학병원	210	경남-10	창원 삼성병원	220
전라-11	익산 산림항공관리소	67	경남-11	양산 산림항공관리소	55
전라-12	전북 소방항공대(장수)	109	경남-12	옥포 한화오션	274
전라-13	전북 경찰항공대(완주)	130	경남-13	창원 두산중공업	288
-	-	-	경남-14	함양 산림항공관리소	79
			제주-1	제주 산림항공관리소	70
			제주-2	제주 한라병원	216
			제주-3	제주대학병원	218

◆ 제1장 ◆
일반사항

헬리콥터 · UAM 조종사를 위한 시계비행절차서

시계비행규칙

1. 개 요

1.1. 본 절차서는 국내에서 시계비행규칙에 따라 비행하는 조종사에게 필요한 비행정보를 제공함으로써 항공안전을 도모하고 나아가 민·관·군이 상호 표준화된 절차에 따라 비행할 수 있게 하려고 발간된 절차서입니다.

1.2. 본 절차서는 국토교통부와 산림청, 해양경찰청, 경찰청, 소방청, 응급헬기, 민간 기업 등에서 운용하고 있는 헬기장과 버티포트에 대한 비행정보 및 입·출항절차, 장애물정보 등을 제공합니다.

1.3. 본 절차서는 시계비행규칙에 필요한 정보만을 제공하며, 계기비행규칙에 필요한 비행정보는 국토교통부 및 각 군에서 발간하는 비행정보간행물(AIP, FLIP)을 참고하시기 바랍니다.

2. 시계비행규칙 일반

2.1. 시계비행 항공기의 항적추적과 식별을 용이하게 하기 위하여 시계비행 항공기는 트랜스폰더의 코드를 12+"00"(호출부호의 마지막 2 자릿수)로 맞추고 비행하여야 한다.

2.2. 시계비행 항공기는 항공교통관제기관의 허가를 받은 경우를 제외하고 다음의 경우 관제권 안의 비행장에서 이륙 또는 착륙을 하거나 관제권 안 또는 비행장주로 진입할 수 없다.

    (1) 비행장의 운고가 450 미터(1천 500 피트) 미만

    (2) 지상시정 5 킬로 미만

2.3. 일몰과 일출 사이(야간) 또는 관련 항공교통업무기관에서 정한 일몰과 일출 사이에 비행하는 시계비행 항공기는 관련 항공교통업무기관의 지시에 따라 운항해야 한다.

2.4. 시계비행 항공기는 항공교통업무기관의 허가를 받은 경우를 제외하고 다음의 경우 시계비행방식으로 운항해서는 안 된다

    (1) FL 200 이상

    (2) 천음속 또는 초음속으로 비행하는 경우

    (3) 특별시계비행으로 비행하는 경우

2.5. 시계비행 항공기는 항공교통업무기관의 허가를 받거나 또는 이륙, 착륙하는 경우를 제외하고 다음의 경우 시계비행방식으로 운항해서는 안 된다

    (1) 사람 또는 건축물이 밀집된 지역의 상공에서는 해당 항공기를 중심으로 수평거리 600 미터 범위 안의 지역에 있는 가장 높은 장애물 상단에서 300 미터(1천 피트) 미만 고도

    (2) 1항 외의 지역에서는 지표면 수면 또는 물건의 상단에서 150 미터(500 피트) 미만 고도

2.6. 시계비행 항공기는 다음의 경우 ICAO 부속서 2의 3.6(항공교통관제업무)에 따라 비행하여야 한다.

    (1) 공역 등급 B, C 및 D등급의 공역 내에서 비행하는 경우

    (2) 관제비행장의 부근 또는 기동지역에서 운항하는 경우

    (3) 특별시계비행방식에 따라 비행하는 경우

2.7. 시계비행방식으로 비행하는 항공기가 계기비행방식으로 변경하여 비행하려는 경우에는 다음과 같은 절차를 수행해야 한다.

    (1) 비행계획서가 제출된 경우에는 비행계획서의 중요 변경 사항에 대해 관련 항공교통업무기관과 무선 교신해야 한다. 또는

    (2) 부속서 2의 3.3(비행계획서)에 따라 비행계획서를 작성하여 해당 항공교통업무기관에 제출하고 관제공역에서 계기비행방식으로 비행하기 전에 허가를 받아야 한다.

3. 비행계획서 제출

3.1. 비행계획서(Flight Plan)
계획된 비행 또는 비행을 위하여 항공교통업무기관에 제출하는 일정한 정보

3.2. 비행계획서 제출방법
인천 FIR 내에서 비행하려는 모든 항공기는 ICAO 비행계획양식에 따라 비행계획을 출발예정시간 최소 1시간 전까지 인근 항공정보실 또는 군 비행장 운항실에 제출해야 한다
※ 온라인을 통한 비행계획서 제출은 항공정보시스템(UBIKAIS, https://ubikais.fois.go.kr)을 이용한다.

3.3. 비행계획 변경
    (1) 제출된 시계비행계획이 1시간 이상 지연될 경우에는 비행계획을 수정하거나 새로운 비행계획을 제출하고 기 제출된 비행계획은 취하여야 한다.

    (2) 비행계획서 변경은 항공정보시스템 또는 인근의 항공정보실에 유선을 통해 요청한다.

3.4. 비행계획의 종료
항공기가 도착 비행장 또는 헬기장에 착륙하는 즉시 관할 또는 인근 항공교통업무기관에 다음 사항을 포함하는 도착보고를 해야 한다.
    (1) 항공기의 식별부호
    (2) 출발비행장
    (3) 도착비행장
    (4) 착륙시간

3.5. 출발 전 기장이 확인할 사항
    (1) 항공기의 감항성 및 등록 여부와 감항증명서 및 등록증명서의 탑재
    (2) 항공기의 운항을 고려한 이륙중량, 착륙중량, 중심위치 및 중량분포
    (3) 예상되는 비행조건을 고려한 의무무선설비 및 항공계기 등의 장착
    (4) 해당 항공기의 운항에 필요한 기상정보 및 항공정보
    (5) 연료 및 오일의 탑재량과 그 품질
    (6) 위험물을 포함한 적재물의 적절한 분배 여부 및 안전성
    (7) 해당 항공기의 그 장비품의 정비 및 정비 결과

항공교통업무 공역 등급

4. 항공교통업무 공역의 분류

  4.1. 대한민국 내 항공교통업무공역의 등급은 A, B, C, D, E 및 G 등급으로 구분 · 지정된다.

  4.2. 관제공역에 근접해 있거나 ATS 항공로를 통과하는 군용기는 항공교통절차 및 비행절차 그리고 공역에 관한 규칙에 따라 운항하지 않을 수도 있다.

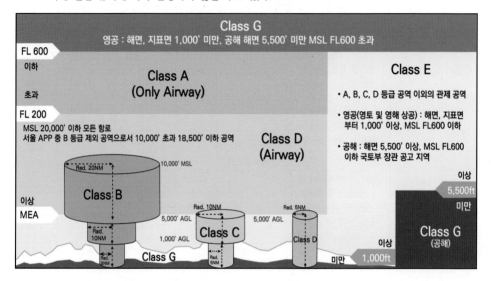

5. 시계비행규칙 기상 최저치

  5.1. 비행시정이나 구름으로부터의 거리가 아래 표의 각 공역 등급별 시계비행 기상 최저치를 충족하지 못하면 기본시계비행 하에서 항공기를 운용할 수 없다.

공 역		최저비행시정	구름으로부터의 거리
Class A		미적용	미적용
Class B /C/D /E/G	해발 3,050M(10,000FT) 이상	8KM (5SM)	1,500M (5,000FT) 수평, 300M (1,000FT) 수직
	해발 3,050M(10,000FT) 미만에서 해발 900M (3,000FT) 이상 또는 장애물 상공 300M(1,000FT) 중 높은 고도	5KM (3SM)	1,500M(5,000FT) 수평, 300M(1,000FT) 수직

공 역		최저비행시정	구름으로부터의 거리
Class B /C/D/E	해발 900M (3,000FT) 미만 또는 장애물 상공 300M(1,000FT) 중 높은 고도	5KM (3SM)	1,500M(5,000FT) 수평, 300M(1,000FT) 수직
Class G	해발 900M (3,000FT) 미만 또는 장애물 상공 300M(1,000FT) 중 높은고도	5KM (3SM)	지표면 육안식별 및 구름을 피할 수 있는 거리

5.2. 항공교통업무 공역 등급 요약

구분	등급	고도 및 설정지역	비행 방식	분리 적용	제공업무	공지 통신요건	ATC 허가
관제 공역	A	FL 200초과 ~ FL 600이하 항로	IFR	모든 항공기	• ATC 업무	유지	필요
	B	인천, 김포, 제주	IFR VFR	모든 항공기	• ATC 업무	유지	필요
	C	김해, 광주, 사천, 대구, 강릉, 중원, 서산, 원주, 예천, 군산, 포항	IFR	IFR, VFR로 부터 IFR	• ATC 업무	유지	필요
			VFR	IFR로 부터 VFR	• IFR로부터 분리 하기 위한 ATC 업무 • VFR/VFR 간 교통 정보(요청 시 교통 회피 조언)	유지	필요
	D	오산, 양양, 서울, 청주, 수원, 성무, 평택, 울산, 여수, 목포, 무안, 울진, 정석, 진해, 이천, 논산, 속초	IFR	IFR로 부터 IFR, 무선 교신 및 레이더 식별된 VFR	• ATC 업무 • 업무량 허용 시 교통 정보제공(요청 시 교통 회피 조언)	유지	필요
			VFR	없음	• IFR과 VFR 간 교통 정보제공(요청 시 교통 회피 조언)	유지	필요
	E	A, B, C 및 D 등급 이외의 관제공역	IFR	IFR로 부터 IFR	• ATC 업무 • 업무량 허용 시 계기 비행 항공기에 대한 교통정보 제공	유지	필요
			VFR	없음	• 업무량 허용 시 교통 정보 제공	불필요 (민항기 제외)	불필요
비관제 공역	G	A, B, C, D, E 등급 이외의 비관제공역	IFR VFR	해당 없음	• 비행정보업무	불필요	불필요

5.3. 관제권 및 공항교통지역

소속	공항	거리(NM)	고도(ft)	소속	공항	거리(NM)	고도(ft)
국토 교통부	인천	5	10,000	육군	가평	3	1,500
	김포	5	10,000		금왕	3	1,500
	무안	5	3,000		논산	5	2,000
	양양	5	3,000		덕소	2	1,000
	여수	5	5,000		부천	2	1,000
	울진	5	2,500		속초	5	2,500
	울산	5	3,000		양평	2	1,500
	제주	5	5,000		조치원	3	1,500
공군	강릉	5	4,000		영천	3	1,500
	광주	5	5,000		용인	3	1,500
	김해	5	3,000		이천	5	3,000
	대구	5	4,000		전주	3	1,500
	사천	5	4,000		춘천	3	1,500
	서산	5	4,000		하남	2.5	1,000
	서울	5	4,000		현리	3	1,500
	성무	5	4,000		홍천	3	1,500
	수원	5	4,000	해군	목포	5	3,000
	예천	5	5,000		진해	5	3,000
	원주	5	5,000		포승	3	1,000
	청주	5	5,000		포항	5	5,000
	중원	5	5,000	민간	정석	5	3,000
미공군	오산	5	2,300	미8군	평택	5	3,000
	군산	5	5,000			-	

(RK) P73 인근지역 비행절차

6. 목적

본 지침은 (RK) P73 인근지역에서의 비행 중 (RK) P73 비행금지구역을 침범하는 것을 방지하기 위해 비행절차를 표준화하고, 「항공안전법」 및 「행정권한의 위임 및 위탁에 관한 규정(대통령령)」에 따라 국방부장관에게 위탁된 통제공역 내의 비행승인 및 비행통제 업무에 대한 지침 제공을 목적으로 한다.

7. 일반사항

7.1. 적용 범위

본 지침은 평시 (RK) P73 비행금지구역에 대한 비행통제 업무를 수행하는 전 부대(서)와 (RK) P73 인근지역에서 비행 및 기타 항공활동을 하고자 하는 모든 기관, 단체 및 개인에게 적용된다.

7.2. 용어의 정의

(1) "(RK) P73"(이하 "P73" 이라고 한다.)는 「항공안전법」에 따라 설정된 서울 도심의 비행 금지구역이며, 수평 및 수직 범위는 아래와 같다.

(가) 수평범위 : 중심 1과 중심 2의 반경 2 NM인 2개 원의 외곽경계선을 연결한 구역
* 중심1(373209N 1265838E), 중심2(373232N 1265943E)

(나) 수직범위 : 지상 ~ 무한대

(2) "P73 시계비행로"는 P73 인근지역에서 시계비행하는 헬기의 P73 비행금지구역 침범방지를 위하여 지상의 저명한 지점을 연결하여 설정한 비행로를 말하며(이하 "시계비행로"라고 한다.) 동부·서부·남부·북부회랑으로 구분한다.

(3) "한강회랑"은 김포공항과 노들섬 간을 운항하는 헬기를 위해 설정된 노들섬 회랑과 용산헬기장에 입·출항하는 헬기를 위하여 설정된 용산 회랑을 말한다.

(4) "(RK) R75"(이하 "R75" 이라고 한다.)는 「항공안전법」에 따라 설정된 수도권 비행제한 구역이며, P73 비행금지구역을 침범하는 항공기를 사전에 식별하고 경고하기 위한 통제공역으로 수평 및 수직범위는 8항과 같다.

(5) "기타 항공활동"은 「항공안전법」에 따른 항공기 이외의 경량항공기, 초경량비행장치 및 무인항공기의 비행과 불꽃놀이 등을 말한다.

(6) "위규비행"이란 이 지침서에 따라 사전에 통제기관의 승인을 받지 않고 P73 비행금지구역, R75 비행제한구역을 비행하는 것과 「항공안전법」에 따른 금지행위와 비행규칙을 위반한 것을 말한다. 또한 이 지침서에 따라 사전에 승인을 받았을지라도 인가된 시간, 경로, 고도 또는 인가된 비행 목적 이외의 비행을 한 경우에는 위규비행으로 본다.

(7) "식별된 민간항공기"는 항공관제기관의 관제하에 계기비행방식(IFR)으로 비행 중인 민간항공기와 P73 비행금지구역 내의 비행을 승인받았거나 시계비행로 이용에 필요한 조치(비행계획 통보, 레이더 포착 등)를 완료하고 시계비행방식(VFR)으로 비행 중인 민간항공기를 말한다.

(8) "육군 합동방공작전통제소(JAOC : Joint Air defense Operation Center)"는 수도권과 P73 비행금지구역 및 R75 비행제한구역에 대한 감시 및 방공작전을 지휘 통제하는 육군부대를 말한다. (이하 "수도방위사령부 JAOC"(호출명 : MASTER CONTROL)라 한다.)

(9) "공군 중앙방공통제소(MCRC : Master Control and Reporting Center)"는 P73 인근지역 비

행 활동에 대하여 레이더 감시 및 조언을 실시하는 공군 방공관제부대(주 : 제1MCRC / 예비 : 제2MCRC)이다. (이하 "MCRC"라 한다.)

(10) "가디언 비행정보본부(GUARDIAN-AIC : Air Information Center)"는 한반도 내 지상고도 800 피트 이하에서 비행작전을 수행하는 미육군 항공기의 주 통제부서로, 비행임무를 수행하는 항공기에 대한 실시간 항공관제 및 비행정보 제공을 주 임무로 하는 주한 미군 육군 관제시설이다. (이하 "가디언 AIC"이라 한다.)

(11) "용산관제탑"은 한강회랑에서 비행하는 항공기에 대한 항공관제 및 비행정보 제공을 주 임무로 하는 관제기구이다. (이하 "용산관제탑"(호출명 : 용산 TOWER)이라 한다.)

7.3. 방침

(1) 「항공안전법」 및 「행정권한의 위임 및 위탁에 관한 규정(대통령령)」에 따른 통제공역(P73 비행금지구역 및 R75 비행제한구역) 내에서의 비행승인에 관한 국방부장관의 권한을 수도방위사령관에게 위임하고, 수도방위사령관은 본 지침서에 따라 해당 공역 내에서의 비행승인 및 통제에 관한 제반업무를 수행한다.

(2) 수도방위사령부 JAOC는 이 지침서와 현행 규정에 따라 자체 레이더를 활용하여 P73 비행금지구역 및 R75 비행제한구역 내의 비행통제 임무를 수행하며 필요시 MCRC의 지원을 받는다.

(3) 각급 부대(서)는 이 지침서를 시행하기 위하여 필요한 절차를 관련 규정 또는 비행정보간행물(FLIP, AIP 등)에 명시하고 필요시 관련 부대(서) 간에 합의서를 체결한다.

(4) 시계비행로를 비행하거나 R75 비행제한구역에서 비행 및 기타 항공활동을 하고자 하는 개인 또는 부대(서), 기관은 사전에 수도방위사령부(JAOC 또는 방호과)와 협조하여야 한다. 단, 서울비행장(K-16) 입·출항 항공기는 사전에 비행계획서를 제출함으로써 사전승인 없이 R75 비행제한구역을 비행할 수 있다.

(5) 한강회랑을 따라 비행하는 헬기는 한강의 남북 쪽 강변 및 강상을 육안으로 확인하고 정해진 속도(80 kts, 148 km/h) 이하로 한강 중심에서 남쪽 강변 상공으로 비행하여야 한다. 단, 노들섬 헬기장 이·착륙 시와 용산관제탑 유도하에만 강안 북쪽 상공 비행이 가능하다. 또한, 수방사의 별도 승인 시를 제외하고 동시 비행은 2대까지만 허용된다.

(6) 레이더 송수신장비(Transponder) 미장착 항공기는 시계비행로나 R75 비행제한구역에서 비행할 수 없으며, 승인된 항공기는 R75 진입 전에 할당된 레이더 비컨 코드를 장입해야 한다.

(7) 재난·재해 등으로 인한 수색구조, 산불 및 화재의 진화, 응급 환자의 수송 등 구조 활동, 공공의 안녕과 질서유지를 위해 필요한 활동 등 공익목적의 긴급한 경우와 군사작전(지형 숙지 비행 포함)의 경우를 제외하고 R75 비행제한구역에서의 야간비행은 금지된다.

(8) 고정익 항공기의 시계비행로 근접비행은 항공기 속도가 180 노트 미만인 경우에는 시계비행로로부터 1 NM 이내로 비행하는 것을, 항공기 속도가 180 노트 이상인 경우에는 시계비행로로부터 3 NM 이내로 비행하는 것을 말한다.

(9) P73 비행금지구역 내에서 비행 시에는 수도방위사령관이 별도로 정하여 통보하는 보안절차 (보안요원 탑승, 긴급 신호방법 숙지, 경로·고도 변경지시 및 운항제한 등)를 따라야 한다.

(10) 시계비행로의 기상제한치는 「항공안전법」에서 정한 기상 기준을 적용한다.

8. P73 비행금지구역에서의 비행절차

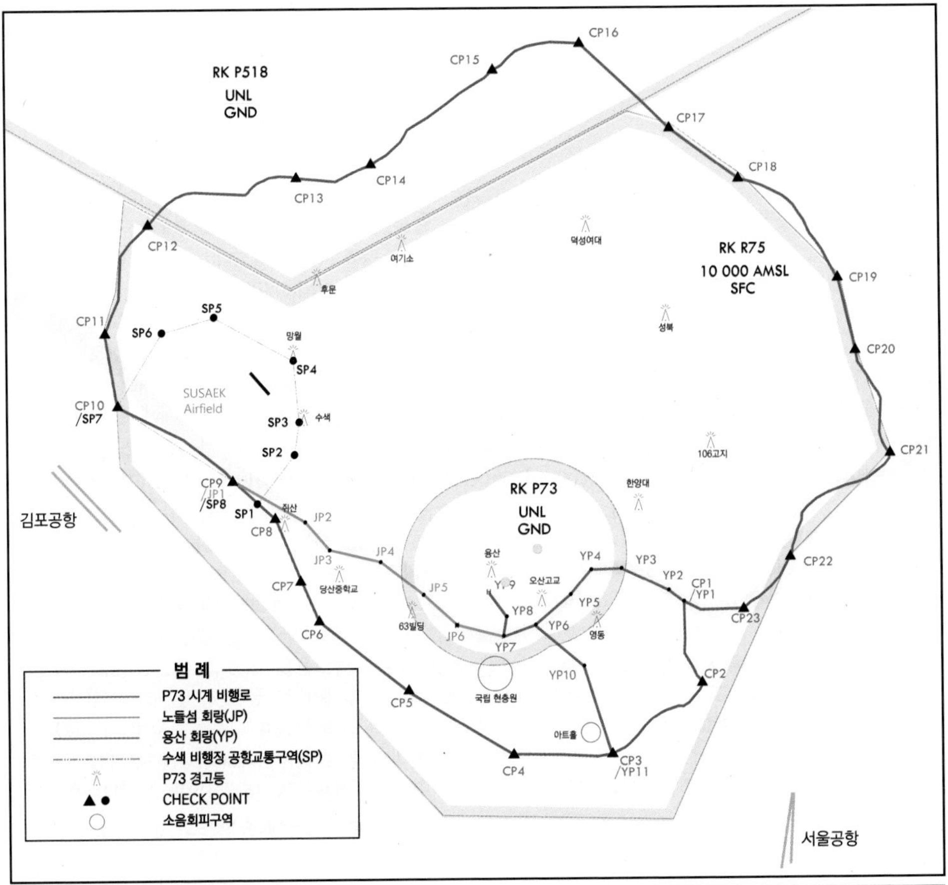

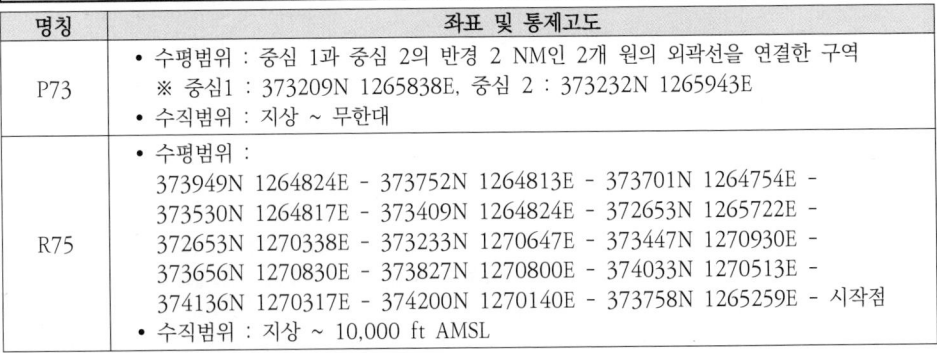

명칭	좌표 및 통제고도
P73	• 수평범위 : 중심 1과 중심 2의 반경 2 NM인 2개 원의 외곽선을 연결한 구역 ※ 중심1 : 373209N 1265838E, 중심 2 : 373232N 1265943E • 수직범위 : 지상 ~ 무한대
R75	• 수평범위 : 373949N 1264824E - 373752N 1264813E - 373701N 1264754E - 373530N 1264817E - 373409N 1264824E - 372653N 1265722E - 372653N 1270338E - 373233N 1270647E - 373447N 1270930E - 373656N 1270830E - 373827N 1270800E - 374033N 1270513E - 374136N 1270317E - 374200N 1270140E - 373758N 1265259E - 시작점 • 수직범위 : 지상 ~ 10,000 ft AMSL

8.1. P73 비행금지구역을 비행하고자 하는 조종사는 비행계획서를 수도방위사령관(작전처 방호과장)에 게 전문으로 통보하여야 한다.

(1) 비행신청

구분	P73 비행금지구역	R75 비행제한구역
비행승인 신청기한	비행일 기준 5일 전	비행 2시간 전
신청방법	공문 (수신처 : 수방사 방호과, JAOC)	

(가) 민간항공사는 비행계획서 발송 시 아래 사항을 추가 첨부한다.
  1) 국가주관사업(산불감시, 화물운반 등) : 승인서 또는 요청서 사본
  2) 항공촬영 : 관할구역 책임부대 항공촬영 승인서 사본
(나) 군사작전(장성급 이상 지휘기 포함) 및 정부기관(지휘기) 항공기도 5 근무일 전 비행신청을 기 준으로 하나 시급성을 고려 기준 기한 내 신청 제한 시 수방사 협의 하 비행승인이 가능하다. 단, P73 비행금지구역 중심 1, 중심 2 기준 1 NM 내에서의 비행은 대통령 경호처와 협조 후 비행을 허가하여야 한다.

(2) 승인권자

구분		P73 비행금지구역	R75 비행제한구역
일반비행		수방사 참모장(작전처장), 경호처 협조	수방사 JAOC처장(대공통제장교)
긴급 비행	일과 중	수방사 작전처장(지통실장), 경호처 협조	
	일과 후, 휴무일	수방사 당직총사령, 경호처 협조	수방사 JAOC 대공통제장교
	비 고	긴급비행 先 승인(작전처장, 당직총사령) 후 보고(참모장)	

8.2. 수도방위사령관은 공익목적과 군사작전에 한해서 P73 비행금지구역에서의 비행을 허가 할 수 있 다. 단, P73 비행금지구역 중심 1, 중심 2 기준 1 NM 내에서의 비행은 대통령 경호처와 협조 후 비행을 허가하여야 한다.

8.3. P73 비행금지구역에서의 비행이 승인된 경우, P73 비행금지구역 내에서의 비행규칙 및 허가된 비행경로 준수 여부를 확인하기 위한 보안요원을 탑승 시킬 수 있으며, 이에 대한 세부절차는 수 도방위사령부에서 수립하여 시행한다.

8.4. P73 비행금지구역 내의 긴급임무 비행승인 조건은 다음과 같다.

(가) P73 공역에서의 긴급비행
  1) 기체 보안점검을 실시한 헬기가 착륙하지 않고 비행 중인 경우 : 승인 가능
  2) 기체 보안점검을 실시한 헬기가 지상에 착륙한 경우 : 승인 불가
(나) 다음 사항에 해당하는 경우, P73 비행금지구역에서의 비행은 승인되지 않는다.
  1) 긴급비행 사유와 관련된 사실 정보에 대한 확인이 불가한 경우
  2) 임무 수행 중인 헬기가 지상에 착륙하여 장시간 대기하여 문제 발생 예상 시
    * 기준시간 : 병원에 착륙 시(15분~20분), 병원 외 지역에 착륙 시(5분~10분)
(다) 기타 수도방위사령관이 P73 비행금지구역 진입에 문제가 있다고 판단하는 비행

11

8.5. 그 밖의 P73 비행금지구역에서의 비행규칙 및 통제 절차는 "9. R75 비행제한구역에서의 비행절차"를 적용한다.

9. R75 비행제한구역에서의 비행절차

9.1. 비행계획서 제출 및 비행계획 승인

(1) R75 비행제한구역에서 비행을 계획한 헬기 조종사(부대/서)는 비행시작 2시간 전까지 수도방위사령부 JAOC에 비행계획서를 서면으로 제출하여야 하며, 수도방위사령부 JAOC는 접수된 비행계획을 검토 후 비행승인 여부를 비행시작 1시간 30분 전까지 비행을 신청한 헬기 조종사(부대/서)에게 구두로 통보한다. 제출된 비행계획서 비행경로 및 시간 변경 시 즉시 JAOC에 유선통보하고 비행승인 여부를 재확인한다. (변경내용 미통보 시 위규비행으로 간주한다.)

(2) (1)항에도 불구하고, 긴급한 경우와 군사작전의 경우에는 사유 발생 즉시 최단 시간 내에 서면 또는 유·무선으로 비행계획을 제출하여 수도방위사령부 JAOC로부터 비행승인을 받아 비행할 수 있다. 단, 비행 중에는 가디언 AIC 또는 MCRC를 경유하여 수도방위사령부 JAOC의 승인을 받을 수 있다.

(3) 비행을 승인받은 헬기 조종사(부대/서)는 이륙 60분 전까지 비행계획서를 가디언 AIC 및 김포 항공정보실에 제출하고, 가디언 AIC 및 김포 항공정보실은 비행계획 처리망을 통해 MCRC에 통보한다.

(4) 서울비행장(K-16) 입·출항 항공기는 사전 제출된 비행계획서에 의해 운영되므로 인가된 것으로 간주하며 별도의 비행계획을 통제기관에 제출하지 않는다.

9.2. R75 비행제한구역에서의 비행이 승인된 경우, 이륙 전에 승인된 탑승인원 및 위험물 탑재 등을 확인하기 위해 기체보안점검을 할 수 있으며, 이에 대한 세부절차는 수도방위사령부에서 수립하여 시행한다. 단, 경찰청, 소방본부는 자체 보안점검 실시 후 이륙 전 수도방위사령부 JAOC로 보고 후 비행할 수 있다.

9.3. 레이더 식별부호(SSR CODE) 부여 및 운용

(1) 서울접근관제소(이하 "서울APP"라 한다.)는 P73 비행금지구역 및 R75 비행제한구역으로 비행하는 항공기에게 배정할 레이더 식별부호군을 각각 별도로 지정하여 수도방위사령부 JAOC에 할당한다. 할당된 레이더 식별부호를 수도방위사령부 JAOC의 승인 없이 어떠한 경우에도 타 항공기에 배정해서는 안 된다.

(2) 수도방위사령부 JAOC는 비행계획서의 접수 시 비행승인 여부를 확인 후 레이더식별부호(SSR CODE)를 배정하여 항공기 조종사와 MCRC에 통보한다.

(3) 항공기 조종사는 배정받은 레이더 식별부호를 시계비행로 및 R75 비행제한구역 진입 전에 장입하고 작동시켜야 한다.

9.4. 수도방위사령부 JAOC는 FM 공지통신장비(주파수 : 46.55 MHz)를 수신용으로 운용할 수 있으며, 경고 방송 시에는 비상주파수(G : 243.0 MHz, D : 121.5 MHz)와 함께 사용한다.

9.5. 고정익 항공기 비행절차

(1) R75 비행제한구역으로 비행하고자 하는 고정익 항공기는 절차에 따라 비행계획서를 제출하여 승인을 받은 후 비행하여야 한다.

(2) R75 비행제한구역으로 비행을 승인받았거나 시계비행로에 근접하여 비행할 고정익 항공기 조종사는 이륙 30분 전까지 MCRC에 비행계획을 통보해야 하며, 이를 통보받은 MCRC는 시계비행로 접근 5분 전까지 수도방위사령부 JAOC에 비행정보를 통보해야 한다.

(3) 서울비행장(K-16) 입·출항하는 항공기는 비행계획서를 제출 시 사전승인 받은 것으로 간주되며, 서울관제탑/서울APP/도착관제소에서 감시 및 조언 업무를 담당한다.

9.6. 통제기관 연락처

통제부서		연락처/공지통신망
수도방위 사령부	방호과	일반전화 : (02) 524-3345~6 / 군 전화(ROK Mil) : 961-3345~6
	JAOC	일반전화 : (02) 524-7454, 0335, 군 전화 : 961-7454, 0335 공지통신 : FM 46.55 MHz(수신용)
MCRC		【1MCRC】 일반전화 : (031) 669-7529, 668-8318 / 군 전화 : 930-7529 공지통신: VHF 125.3 MHz / UHF 278.4 MHz 【2MCRC】 일반전화 : (053) 989-5145 / 군 전화 : 936-5145 공지통신 : VHF 125.3 MHz / UHF 278.4 MHz
용산 관제탑		일반전화 : (02) 748-4560~1 / 군 전화(ROK Mil) : 900-4560~1 일반전화 : (02) 748-1107~9 / 군 전화(ROK Mil) : 900-1107~9 공지통신 : FM 42.50 MHz / VHF 126.5 MHz / UHF 233.8 MHz
가디언 AIC		일반전화 : 031-720-6713 / 군 전화(ROK Mil) : 993-0831-8501~3 DSN : 741-6780 공지통신 : FM 46.55 MHz / VHF 123.95 MHz / UHF 317.75 MHz
김포항공정보실		일반전화 : 02-2660-2145, 02-2662-0884
김포 관제탑		공지통신 : VHF 118.1 MHz / UHF 240.9 MHz
서울기지 (K-16)	관제탑	일반전화 : 031-720-3266 / 군 전화(ROK Mil) : 937-3266 공지통신 : VHF 126.2 MHz / UHF 236.6 MHz ATIS : VHF 126.475 MHz / UHF 225.775 MHz
	작전과	일반전화 : 031-720-3233 / 군 전화 : 937-3233

10. 시계비행로 및 한강회랑

P73 인근지역에서 비행 시 위치 식별을 위하여 설정된 시계비행로 및 한강회랑은 다음과 같다.

10.1. 시계비행로 (〈표-1〉참조)

(1) 남부 회랑 : CP-1에서 CP-8까지

(2) 서부 회랑 : CP-8에서 CP-14까지

(3) 북부 회랑 : CP-14에서 CP-19까지

(4) 동부 회랑 : CP-19에서 CP-1까지

<표-1> 시계비행로 육안 참조점

기호	참조점	좌표(경위도)	비고
CP-1	청담대교 중간지점	373134N 1270351E	남부회랑 구간
CP-2	대치교	372951N 1270425E	
CP-3	경부고속도로 양재천 다리	372817N 1270156E	
CP-4	채석장	372816N 1265914E	
CP-5	180 고지	372933N 1265624E	
CP-6	영등포역	373101N 1265353E	
CP-7	목동교	373151N 1265322E	
CP-8	염창교	373310N 1265239E	서부회랑 구간
CP-9	가양대교 남단	373357N 1265130E	
CP-10	행주대교 남단	373530N 1264817E	
CP-11	김포대교 북단	373701N 1264754E	
CP-12	고양 IC	373921N 1264903E	
CP-13	통일로 IC	374024N 1265306E	
CP-14	양주 TG	374043N 1265508E	북부회랑 구간
CP-15	송추 IC	374246N 1265825E	
CP-16	사패산 정상	374321N 1270047E	
CP-17	의정부 IC	374136N 1270317E	
CP-18	덕릉교 (도로교차점)	374033N 1270513E	
CP-19	퇴계원 IC	373827N 1270800E	동부회랑 구간
CP-20	구리 IC	373656N 1270830E	
CP-21	강동대교 북단	373447N 1270930E	
CP-22	천호대교 중간지점	373233N 1270647E	
CP-23	잠실대교 중간지점	373126N 1270531E	

10.2. 한강 회랑

   (1) 용산 회랑 : YP-1에서 YP-11까지 (〈표-2〉 참조)

   (2) 노들섬 회랑 : JP-1에서 JP-6까지 (〈표-3〉 참조)

10.3. 시계 비행로에서 비행 중인 헬기 간의 회피 등을 고려하여 비행로 중심 좌우 500m까지는 시계 비행로 상의 비행으로 간주한다.

11. 시계비행로 및 한강회랑에서의 일반 비행절차

11.1. 비행계획서 제출 및 비행계획 승인

   (1) 시계비행로에서 비행을 계획한 헬기 조종사는 비행시작 2시간 전에 수도방위사령부 JAOC로 비행계획서를 제출하여야 하며, 긴급 시 유·무선으로 비행계획서를 제출하고 비행 승인을 받아 비행하여야 한다.

   (2) 시계비행로 일부 구간(CP-12 ~ CP-17)은 P518 비행금지구역과 중첩되어 있으나 비행계획 제출 및 승인은 수도방위사령부 JAOC에서 담당하며, 수도방위사령부 JAOC는 승인한 모든 비 행계획을 MCRC에 통보하여야 한다.

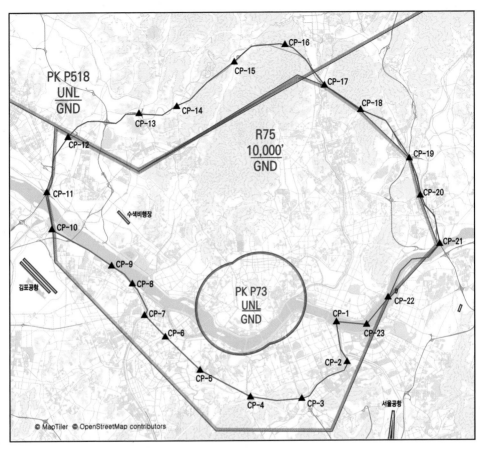

(3) 시계비행로 남부회랑은 안전 및 소음을 고려한 비행고도 설정이 제한되는 구간으로, 민간 헬기의 비행은 허가되지 않는다. 또한, 공익목적의 국가항공기와 군용헬기의 경우도 필수임무를 제외한 단순한 통과비행은 허가되지 않는다.

(4) 수도방위사령부 JAOC는 시계비행로만을 비행하는 헬기에게는 별도의 레이더식별부호(SSR CODE)를 배정하지 않으며, JAOC에서 자체 레이더를 활용하여 시계비행로 이탈 및 R75 비행제한구역 무단 침범 여부를 감시하고 필요시 비상주파수를 통해 경고방송 등의 통제업무를 수행한다.

11.2. 시계비행로 진입절차

(1) 최초 진입 시에는 반드시 육안 참조점(CP)을 통과해야 한다.

(2) 시계비행로 진입 전에 한·미 육군 헬기 조종사는 가디언 AIC와 교신해야 하고 기타 헬기 조종사는 MCRC와 교신하여 레이더 및 통신접촉이 이루어져야 한다.

11.3. 비행절차

(1) 헬기 조종사는 비상주파수를 청취하면서 자체 항법으로 회랑별 비행절차를 따라 비행한다.

(2) P73 시계비행경로 인근에 위치한 주요 통제장애물은 국토교통부 AIP ENR 1.2-29과 같으며, 이외에도 고층건물 등이 지속적으로 건축되고 있어 헬기 조종사는 철저한 사주경계 하에 비행하여야 한다.

(3) 시계비행로 북부회랑의 CP-12와 CP-17 구간은 P518 비행금지구역에 해당하는 구역이나, 시계비행로를 포함한 시계비행로 내측의 P518 비행 금지구역 구역을 비행하는 헬기 조종사는 MCRC와 수도방위사령부 JAOC의 통제에 따라야 한다.

(4) 헬기 조종사는 회랑별로 지정된 고도를 유지하여야 하며, 기상요소 또는 기타의 사유로 인해 지정된 고도를 유지할 수 없을 때는 MCRC와 교신하여 자신의 의도를 통보한 후 MCRC의 지시에 따라야 하며 MCRC는 이를 수도방위사령부 JAOC에 통보한다.

(5) 한강회랑을 따라 비행하는 헬기는 한강의 남북 쪽 강변 및 강상을 육안으로 확인하고 정해진 속도(80 kts, 148 km/h) 이하로 한강 중심에서 남쪽 강변 상공으로 비행하여야 한다. 단, 노들섬 헬기장 이·착륙시와 용산관제탑 유도하에만 한강 북쪽 상공 비행이 가능하다. 또한, 수방사의 별도 승인 시를 제외하고 동시 비행은 2대까지만 허용된다.

(6) 김포공항, 용산헬기장 및 서울비행장(K-16) 관제권 통과 시와 수색 비행장(G-113) 진출입 시에는 해당 국지비행절차를 준수한다.

12. 한강 회랑 세부 비행절차

용산·노들섬·MP Hill(용산지역 미군 헬기장) 헬기장 입 · 출항을 위한 용산 회랑과 노들섬 회랑 이용 절차는 다음과 같다.

12.1. 용산 회랑

(1) 입·출항 절차

(가) YP-1(청담대교)에서 용산 관제탑에 최초 위치보고 후 진입하며, 한강 남쪽 강변 상공을 따라 YP-2(영동대교), YP-3(성수대교), YP-4(동호대교), YP-5(한남대교)를 비행하고, YP-6(반포대교)에서 최종 착륙인가를 요청한다.

(나) 용산헬기장 착륙 시 YP-7(동작대교)을 통과한 후 YP-8(정사각형 굴뚝)을 경유하여 국립중앙박물관 뒤편 도로를 따라 용산헬기장(YP-9)으로 진입 후 착륙한다.

(다) 노들섬헬기장 착륙 시 YP-7(동작대교)을 통과한 후 한강을 따라 서쪽으로 비행하며, 착륙장 안전성을 확인하고 착륙장 상공 진입 후 착륙한다.

(라) MP Hill(용산지역 미군 헬기장) 착륙 절차는 다음과 같다.

1) YP-1 및 YP-6에서 진입비행을 하기 전 용산 관제탑 및 가디언 AIC와 무선통신을 한다.

2) YP-6를 1,000ft AMSL로 지나서 반포대교와 녹사평대로를 따라 북쪽으로 최대 70kt IAS로 비행하면서 600ft AMSL 이하로 비행한다.

3) 횡단보도다리에서 600ft AMSL에서 최종강하를 시작하여 MP HILL까지 330도 방향으로 비행한다.

<표-2> 용산 회랑 육안 참조점

기호	참조점	좌표(경위도)
YP-1(CP-1)	청담대교 중간지점	373134N 1270351E
YP-2	영동대교 중간지점	373148N 1270325E
YP-3	성수대교 중간지점	373215N 1270206E
YP-4	동호대교 중간지점	373209N 1270117E
YP-5	한남대교 중간지점	373138N 1270046E
YP-6	반포대교 중간지점	373057N 1265946E
YP-7	동작대교 중간	373037N 1265853E
YP-8	정사각형 굴뚝	373105N 1265832E
YP-9	용산헬기장(H-264)	373141N 1265831E
YP-10	반포 IC	373010N 1270108E
YP-11(CP-3)	경부고속도로 양재천 다리	372817N 1270156E

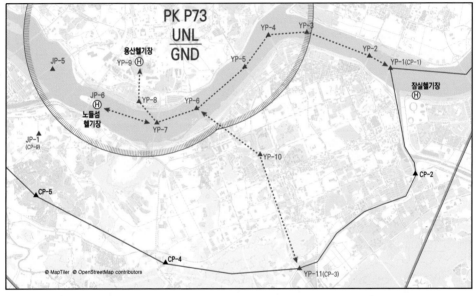

(마) 각 헬기장에서 출항 시에는 이륙 전 용산관제탑으로부터 이륙 승인을 득한 후 관제지시에 따라 출항한다.

(바) MP Hill(용산지역 미군 헬기장) 이륙 절차는 다음과 같다.

    1) 1,500 ft AMSL에 도달할 때까지 최대출력으로 150도 방향으로 비행한다.

    2) 횡단보도다리를 타고 녹사평대로를 따라 남쪽으로 비행한다.

    3) YP-6 1,500 ft AMSL 강상에서 동쪽 또는 서쪽으로 비행한다.

(2) 보조 회랑 입·출항 절차

    (가) YP-11(경부고속도로 양재천 다리)에서 용산 관제탑에 최초 위치보고 후 진입하며,

YP-10(반포 IC)를 경유하여 YP-6(반포대교)에서 최종 착륙 인가를 요청한다.

(나) YP-6(반포대교) 이후 입·출항절차는 주 회랑 입·출항절차와 동일하다.

(3) MP Hill(용산지역 미군 헬기장) 입·출항 제한사항

　(가) MP HILL 헬기장 입항 가능 항공기는 다음과 같다.

　　1) 의무후송항공기

　　2) 주한미군사사령관

　　3) 유엔사/연합사/주한미군사 3-4성장군(주한미군 사 작전관련 필수임무)

　　4) 단, 주한미군 이외 장성들, 주한미군 연합사/ 유엔사, 미국 행정부 고위 관료, 백악관 고위 관료, 의회상하의원, 국방장관 또는 기타 1-2 성 장군 등은 미8군에 항공임무 요청 전에 주 한미군사 작전참모처의 사전승인을 받아야 한다.

　(나) 항공승무원들은 기지운항실에 비행계획을 제출하고, 기지운항실은 대통령경호실과 수방사 사전허가(PPR)를 득하기 위해 즉시 가디언 AIC에 비행계획을 전달한다. 가디언 AIC는 사전허가(PPR)를 직접 항공기승무원 및 용산관제탑에 전달한다.

　(다) MP HILL 헬기장에서의 이착륙은 주·야간(NVG 착용 포함) 시계비행규칙(VFR) 하에서 UH-60 블랙호크 2대로 제한된다. (MP HILL은 CH47은 지원하지 않는다.)

　(라) 착륙 시 첫 번째 헬기는 두 번째 헬기가 착륙 완료 시까지 하강풍에 의한 항공기 손상을 방지하기 위해 로터 회전을 유지해야 한다.

　(마) 임무 항공기는 이·착륙만 허용되며, 착륙 후 착륙 시간을 연장하거나, 지속 체류해서는 안 된다.

　(바) 모든 탑승자는 비행계획에 정확히 기재되어야 하며, 이 정보는 보안을 위해 한측에 정확히 전달되어야 한다.

(4) 용산관제탑 운영시간은 월요일~금요일 09:00 ~18:00(KST)이며, 헬기장 입·출항 헬기는 최소 용산헬기장 이용 1 근무일 전까지 용산관제탑으로 PPR (사전허가요청)을 제출해야만 항공교통 관제 및 노들섬 안전통제지원을 받을 수 있다.

(5) 주의사항

　(가) 이착륙 시를 제외하고는 1,500 ft AMSL 이상의 고도를 유지한다.

　(나) YP-5와 YP-6 구간에서는 60.3 m 높이의 송전탑과 한강을 가로지르는 송전선에 주의한다.

12.2. 노들섬 회랑

〈표-3〉 노들섬회랑 육안 참조점

기호	참조점	좌표(경위도)
JP-1(CP-9)	가양대교 남단	373357N 1265130E
JP-2	성산대교 중간지점	373307N 1265328E
JP-3	선유도/17고지	373232N 1265409E
JP-4	서강대교 중간지점	373218N 1265533E
JP-5	원효대교 중간지점	373137N 1265644E
JP-6	노들섬 헬기장	373059N 1265740E

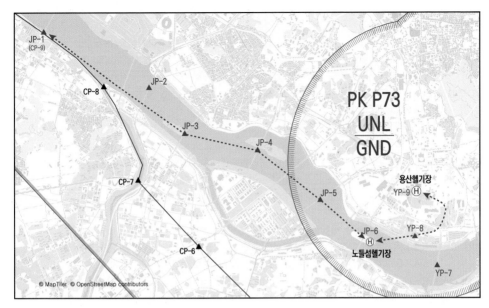

(1) JP-1(가양대교 남단), JP-2(성산대교), JP-3(선유도) 사이 올림픽대로의 북쪽 도로변을 따라 비행하며, JP-4(서강대교)에서 용산관제탑에 최초 위치보고 및 착륙 승인을 득한 후, JP-5(원효대교)를 경유 비행한다.

(2) 용산헬기장 착륙 시 JP-6(노들섬)을 통과한 후 YP-8(정사각형 굴뚝)을 경유하여 국립중앙박물관 뒤편 도로를 따라 용산헬기장(YP-9)으로 입항한다.

(3) 노들섬헬기장 착륙 시 JP-5(원효대교)에서부터 고도를 강하하며, 착륙장 안전성을 확인하고 착륙한다.

(4) 각 헬기장에서 출항 시 이륙 전 용산 관제탑으로부터 이륙 승인을 득한 후 관제지시에 따라 출항한다.

(5) 주의사항

　　1) 이·착륙 시를 제외하고는 1,500 ft AMSL 이상의 고도를 유지한다.

　　2) 운중(雲中 : IN WEATHER) 또는 운상(雲上 : ON TOP) 비행은 허용되지 않는다.

12.3. 김포공항·노들섬 헬기장과 잠실헬기장 간 비행절차

(1) 운항방침

　　1) 이 회랑은 국방부장관(수도방위사령관)이 승인한 비행에 한해 사용한다.

　　2) 주간(일출 후부터 일몰 전까지) 비행운고 2,500ft, 비행시정 3 법정마일(SM) 이상의 기상 조건에서만 사용할 수 있다.

　　* 김포공항-노들섬비행장-잠실헬기장 간 기상 최저치는「항공안전법」에 따른 E등급 공역에서의 시계비행 기상 최저치(시정 3NM, 구름으로부터의 수직거리 1,000ft)를 적용하였음

　　* 한강회랑 비행고도 1,500 ft AMSL + 구름으로부터의 수직거리 1,000 ft = 2,500 ft AMSL

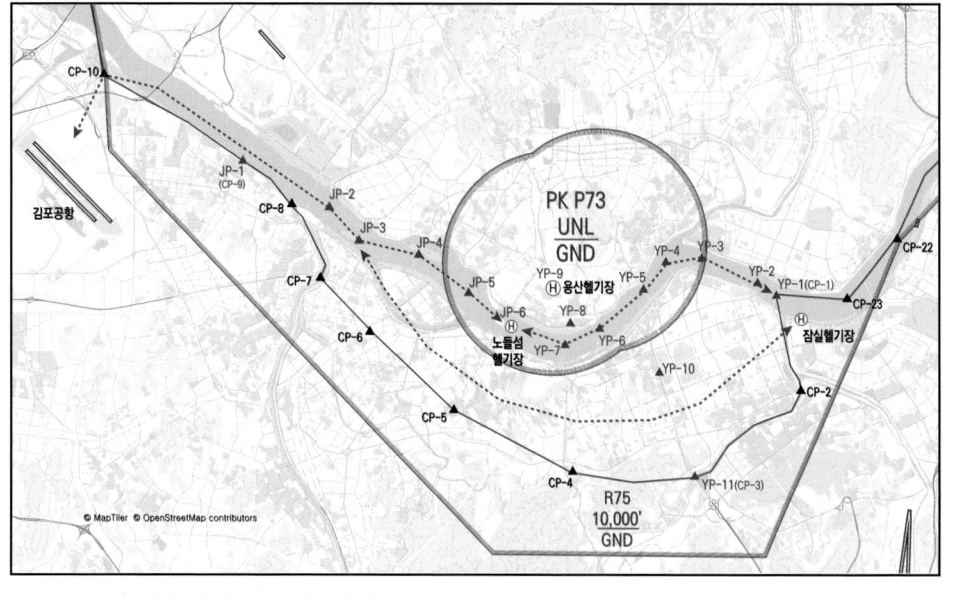

3) 귀빈 임무(CODE 1) 1시간 전·후 및 군 작전 시에는 폐쇄된다. 정확한 폐쇄시간은 수도방위 사령부 JAOC에 확인한다.

4) 노들섬헬기장 이·착륙 시에는 용산관제탑의 통제를 받고, 잠실헬기장 이·착륙 시에는 서울관 제탑의 통제를 받는다.

(2) 비행절차

(가) 노들섬헬기장과 잠실헬기장 간 비행 시에는 JP-6 (노들섬)을 경유하여 YP-7(동작대교)을 참조점으로 한강 남쪽 강변 상공으로 비행하며, YP-1(청담대교) 또는 YP-2(영동대교)를 참조점으로 한강 남쪽 강변 상공으로 비행하여 잠실헬기장으로 입·출항한다.

(나) 김포공항·노들섬헬기장과 잠실헬기장을 운항하는 헬기는 용산헬기장, 노들섬헬기장, MP Hill (용산지역 미군 헬기장) 입·출항 헬기와의 공중충돌 방지를 위하여 공중경계를 철저히 해야 한다.

1) 김포공항/노들섬헬기장에서 잠실 방향 비행 시 : 김포공항에서 이륙 시에는 JP-3(선유 도) 와 JP-4 (서강대교 중간지점) 사이에서, 노들섬 헬기장에서 이륙 시에는 이륙 전에 회랑 진입을 보고하고, YP-1(청담대교 중간지점) 또는 YP-2(영동대교 중간지점)에서 회랑 이탈을 보고 한다.

2) 잠실에서 노들섬헬기장·김포공항 방향 비행 시 : YP-1(청담대교 중간지점) 또는 YP-2 (영동대교 중간지점) 진입 전에 회랑 진입을 보고하고, 노들섬 헬기장 착륙 시에는 JP-6 (노들섬) 도착 후, 김포공항 착륙 시에는 JP-4(서강대교 중간지점)에서 회랑 이탈을 보고한다.

3) 경부고속도로를 경유하여 노들섬헬기장 입·출항 시에는 YP-11(경부고속도로 양재천 다리)에서 회랑 진입 및 이탈을 보고한다.

(3) 운항계획 협조

    (가) 헬기 조종사(부대/서)는 비행시작 2시간 전까지 수도방위사령부 JAOC에 비행계획서 (ENR 1.2-25)를 서면으로 제출하여야 하며, 수도방위사령부 JAOC는 접수된 비행계획을 검토 후 비행승인 여부를 비행시작 1시간 30분 전까지 비행을 신청한 헬기 조종사(부대/서)에게 구두로 통보한다.

    (나) 비행을 승인받은 헬기 조종사(부대/서)는 이륙 60분 전까지 비행계획서를 가디언 AIC 및 김포 항공정보실에 제출하고, 가디언 AIC 및 김포 항공정보실은 비행계획 처리망을 통해 MCRC에 통보한다.

(4) 주의사항

    (가) 이 회랑을 비행하는 헬기는 회랑 진·출입 항공 기간 충돌방지를 위해 관제기관 통제 하 한강의 남·북 강변과 강상을 육안으로 확인하고 한강 남단 내에서 비행해야 한다.

    (나) 비행 중 기상 등의 이유로 관제기관의 레이더 감시가 필요한 경우, 서울APP에 요청할 수 있다. MCRC는 조종사가 레이더 감시 또는 계기비행 의사를 통보해 온 경우 항공교통관제기관 이 아니므로 항공교통관제를 제공할 수 없으며 즉시 이를 서울 APP에 통보하여야 한다.

    (다) 여하한 경우에도 30초 이상 P73 비행금지구역 중심 방향으로 비행해서는 안 된다.

    (라) 용산관제탑 및 서울관제탑에서 제공하는 항공교통 정보를 적극 활용하고 관제지시를 철저히 이행해야 한다.

(5) 기타 협조사항

    헬기가 비상착륙한 경우에는 한강공원(둔치) 또는 지상의 인원 및 구조물에 피해를 주지 않을 안전한 장소에 신속히 착륙 후 관계부서에 비상 착륙 내용을 통보한다.

13. 수색비행장 공항교통구역 운영

13.1. 수색비행장 공항교통구역은 〈표-4〉의 참조점을 연결하는 선으로 이루어진 구역으로 수색비행장에 입·출항하는 항공기만 사용한다.

〈표-4〉 수색비행장 공항교통구역 육안 참조점

기호	참조점	좌표(경위도)	비고
SP-1	55고지	373329N 1265209E	송전선을 따라
SP-2	상암동	373432N 1265309E	직선으로
SP-3	삼거리	373514N 1265316E	도로를 따라
SP-4	망월	373632N 1265305E	직선으로
SP-5	서두물 하천 합류점	373725N 1265053E	
SP-6	교차로	373704N 1264928E	39번 국도를 따라
SP-7(CP-10)	행주대교 남단	373530N 1264817E	직선으로
SP-8(CP-9)	가양대교 남단	373357N 1265130E	올림픽대로를 따라 SP-1에 연결

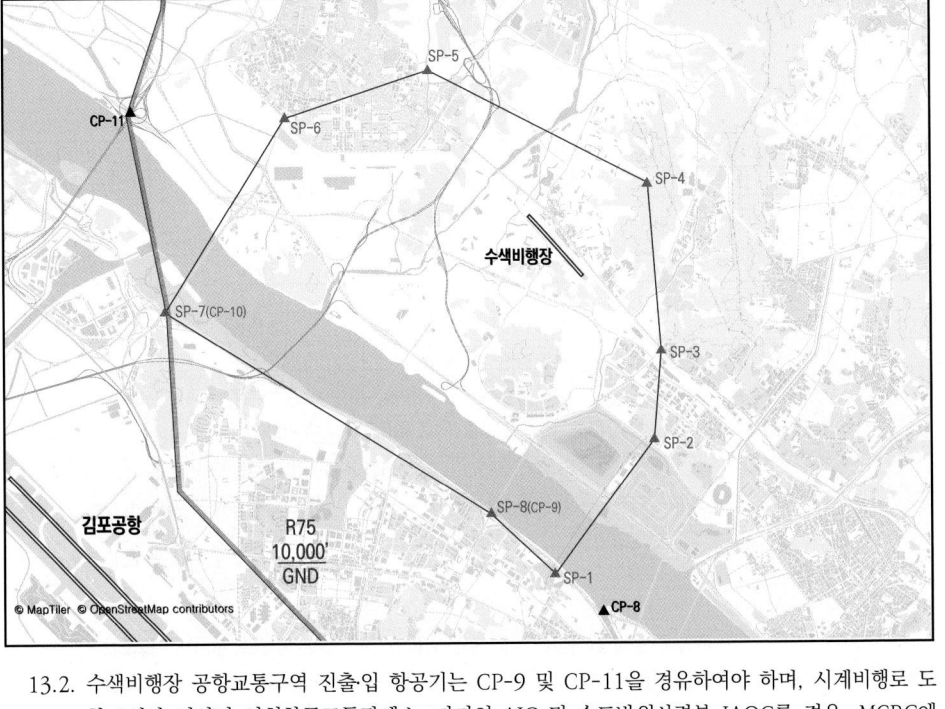

13.2. 수색비행장 공항교통구역 진출입 항공기는 CP-9 및 CP-11을 경유하여야 하며, 시계비행로 도착 2시간 전까지 인천항공교통관제소, 가디언 AIC 및 수도방위사령부 JAOC를 경유, MCRC에 비행계획서를 제출한다.

13.3. R75 비행제한구역에서는 1,000 ft AGL 이상의 고도를 유지하여 MCRC와 레이더 및 통신접촉이 이루어져야 한다.

13.4. 헬기를 제외한 항공기의 수색비행장 입·출항은 주간에만 가능하다. 단, 한국항공대학 조종학생의 야간 비행훈련은 가능하며 다음 절차를 따라야 한다.

(1) 수색비행장 운항실은 비행계획(비행 1시간 전), 이륙시각(이륙 직후) 및 비행종료 시각(비행 종료 직후)을 직통 통신망으로 수도방위사령부 JAOC에 통보한다.

(2) 수도방위사령부 JAOC는 수색비행장으로부터 통보받은 비행정보를 비행통제절차에 정하는 바에 따라 MCRC에 통보한다.

(3) 항공기는 적아식별장비, 공지통신장비, 야간항법 등이 정상 작동되어야 한다. (이중 일부장비의 작동상태가 불량한 항공기의 비행은 금지된다.)

(4) 비행안전 및 소음 방지 대책을 수립·시행한다.

13.5. 수색비행장 운항실은 운영 중인 항공기에 변동(기종/대수 등)이 있을 경우 가능한 신속히 수도방위사령부 JAOC 에 통보한다. 신규기종을 운항할 경우에는 운항개시일 10일 전까지 항공기 제원 및 사진을 서면으로 통보한다.

14. 비행통제절차

14.1. 식별 및 통제

(1) MCRC의 최초 레이더 및 통신접촉은 시계비행로 진입(확인점 통과) 전에 이루어져야 하며 이후 MCRC는 감시업무를 수행한다.

(2) MCRC는 R75 비행제한구역으로 비행하는 항공기에 대한 레이더 감시업무를 실시한다.

(가) 주/예비 임무부대 : 1 MCRC / 2 MCRC

(나) 교신주파수 : 278.4 MHz(군용기) 125.3 MHz(민항기)

(다) 비상주파수 : 243.0 MHz(군용기), 121.5 MHz(민항기)

(3) M시계비행로 상이나 R75 비행제한구역을 비행 중에는 반드시 레이더식별 장비가 작동되어야 하며, 비행 중 레이더식별 장비가 작동되지 않을 경우 또는 통제기관(MCRC/공역통제중대)에서 레이더 식별장비가 미작동되는 것을 통보받았을 때는 즉시 P73 시계비행로 외측으로 이탈해야 한다.

(4) MR75 비행제한구역 내 서울비행장(K-16) 계기 입출항 항공기에 대한 레이더 감시 및 조언 업무는 서울관제탑/서울APP/도착관제소에서 담당한다.

(5) M서울관제탑이 관제 중인 항공기가 R75와 중첩되는 서울공항 관제권 내 VFR 참조점 'A' PT, 'D' PT으로 접근 시 서울관제탑은 유선 핫라인을 통해 JAOC로 신속하게 정보를 제공한다.
  - 'A' PT : 탄천 하수처리 사업소 정수장 (373010N 1270424E)
  - 'D' PT : 양재 I.C (372749N 1270224E)

14.2. 경고방송

(1) MCRC 및 JAOC는 항공기가 사전 통보 또는 인가 없이 R75 비행제한구역을 무단 침범한 경우에 경고방송 및 조명탄 발사를 통해 퇴거 조치를 취한다.

(2) 경고방송은 UHF/VHF 비상주파수와 FM 주파수 (46.55 MHz)로 동시에 실시하며, 혼신방지를 위하여 한 부대가 비상주파수로 방송 시 다른 부대는 대기 상태를 유지하며, FM 46.55 MHz를 사용 시에는 가디언 AIC와 협조 후 사용한다.

14.3. 경고사격 등

(1) 수도방위사령관은 경고방송에도 불구하고 항공기 등이 경고방송을 무시하고 공격적인 형태(통제속도 미준수, 급강하, 계획된 고도·경로 이탈 등)로 기동하는 등 P73 비행금지구역 방향으로 계속 비행 시에는 경고사격 등의 필요한 전술 조치를 취할 수 있다.

(2) 수도방위사령관은 경고사격에도 불구하고 항공기 등이 계속하여 공격적인 형태(통제속도 미준수, 급강하, 계획된 고도·경로 이탈 등)로 기동하여 P73 비행금지구역을 침범할 경우에는 적대행위로 간주하여 교전교칙에 따라 피격시킬 수 있다.

(3) 단, 사전 승인되지 않은 민간항공기가 기상, 통신두절, 항법착오, 비행통제장치 고장 등의 불가피한 사유로 R75 비행제한구역 내로 진입한 것이 식별된 경우에는 경고사격은 미실시하되, 항공교통관제기관 또는 항공기와 교신을 통해 민간항공기의 상황을 지속 파악하고, 필요시 퇴거조치한다. 그러나 퇴거 조치를 따르지 않고 공격적인 형태(통제속도 미준 수, 급강하, 계획된 고도·경로

이탈 등)로 기동하는 경우, 수도방위사령관은 자위권 행사 목적의 최후수단으로 무장을 사용할 수 있다.

(4) 항공교통관제기관은 관제 중인 계기비행 민간항공기가 기상, 통신두절, 항법착오, 비행통제장치 고장 등의 불가피한 사유로 R75 비행제한구역이나 P73 비행금지구역을 침범할 것이 예상될 경우 에는 즉시 수도방위사령부 JAOC와 MCRC에 그 사유와 항공기에 관련된 사항을 통보해야 한다. (항공기 호출부호, 기종, 국적, 현재위치, 최종 출발지, 목적지, 레이더 식별부호, 교신 중인 공지통 신주파수, 인지된 주요 탑승자, 승객 수, 연료 탑재량 및 기타 필요하다고 판단되는 사항 등)

(5) 항공교통관제기관이 수도방위사령부 JAOC와 공군 MCRC로 통보한 제16.4항과 같은 사유로 불 가피하게 위규비행을 한 민간항공기는 식별된 민간항공기의 불가피한 P73 비행으로 간주되어 피 격되지 않는다.

(6) 수도방위사령관은 항공교통관제기관으로부터 민간항공기의 위규비행 관련 보고를 접수한 경우, 또는 수방사에서 자체적으로 민간항공기의 위규비행을 인지한 경우 경고사격을 실시하기 전에 수 방사 JAOC는 항공교통관제기관에 직통전화를 통해 민간항공기의 불가피한 비행 여부를 확인하 여야 한다.

14.4. 미식별 항적에 대한 조치

(1) 수도방위사령관, MCRC는 식별되지 않은 항적이 R75 비행제한구역으로 침범할 경우 우선적으 로 경고방송을 통해 퇴거 조치를 취한다.

(2) 수도방위사령관은 식별되지 않은 항적이 R75 비행 제한구역 내를 비행하며 경고방송에 반응하지 않고, 항공기 위치, 진행방향, 속도 등을 고려하여 적대행위가 명백하게 예상(P73 방향으로 경로 · 속도 등의 변경없이 강하)되거나 발생한 경우 교전규칙과 관련 법규에 따라 조치를 취한다.

(3) 전술기에 의한 식별 및 요격은 P73 비행금지구역 외측에서 실시함을 원칙으로 하며, P73 비행 금지구역 내의 요격이 필요시 MCRC와 협조해야 한다.

14.5. 경고등 운용

(1) 수도방위사령관은 야간 또는 박모 시, P73 비행금지구역 경계의 용이한 육안 식별을 위하여 경 고등 (Strobe light)을 설치·운영 한다. 현재 운영하고 있는 경고등의 위치는 〈표-5〉와 같으며 필요시 추가로 설치 운영할 수 있다.

〈표-5〉 P73 비행금지구역 침범방지를 위한 경고등 설치 위치

지 명	좌표(경위도)	지 명	좌표(경위도)
수 색	373511N 1265324E	106고지	373450N 1270433E
쥐 산	373256N 1265255E	성 북	373731N 1270315E
당산중학교	373153N 1265426E	덕성여대	373923N 1270102E
63 빌딩	373108N 1265626E	여기소	373855N 1265601E
용산	373202N 1265835E	후 문	373810N 1265343E
오산고교	373126N 1265957E	망 월	373632N 1265305E
영동	373100N 1270128E	한양대	373330N 1270233E

(2) 경고등은 일몰 30분 전에서부터 일출 30분 후까지 운용한다.

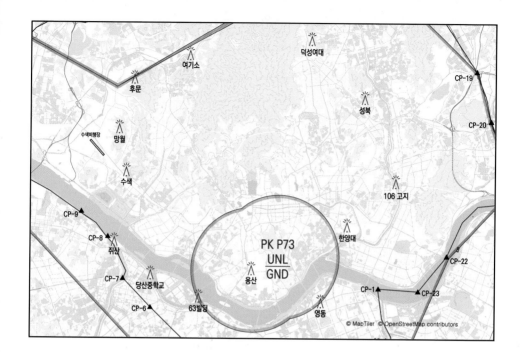

15. R75 비행제한구역에서의 기타 항공활동 통제

15.1. 기타 항공활동의 통제

(1) R75 비행제한구역에서의 기타 항공활동은 수도권 방공작전을 수행하는 각급 부대에 혼란을 초래할 수 있으므로 반드시 관계기관 간 긴밀한 협의 하에 승인되고 통제되어야 한다.

(2) R75 비행제한구역 내에 설치된 시계비행로(CP-10~CP-22)에서는 수도방위사령부에서 기체보안점검을 실시(경찰청, 소방청 헬기는 자체 보안점검 실시 후 수도방위사령부 JAOC로 보고)하며, 이상이 있을 경우 비행이 제한된다.

(3) R75 비행제한구역 내에서 허가없이 비행할 수 있는 무인비행장치 등의 무게는 「항공안전법」을 적용한다.

(4) R75 비행제한구역 내에서의 기타 항공활동 중 무인비행장치 등 초경량비행장치의 세부 비행 및 통제 절차는 국방부의 "군 관할공역 내 민간 초경량비행 장치 비행승인업무 지침서"를 우선 적용한다.

15.2. 협조절차

(1) R75 비행제한구역에서 기타 항공활동을 하고자 하는 부서(처)나 협조를 요청받은 부서(처)는 아래 명시된 정보를 포함하여 계획된 활동일 3일(근무일 기준) 전까지 수도방위사령관(작전처 방호과)에게 승인 요청한다.

(가) 목적 : 항공활동의 목적을 정확하고 상세하게 서술

(나) 일시(기간)/장소 : 예비일 포함/활동구역(행정구역 명칭 및 좌표)의 범위 및 고도

(다) 내용 : 항공활동의 종류, 규모(비행기기 대수 등) 및 활동 횟수 등

(라) 신청/책임자 : 기관(부서) 명칭, 연락처, 담당자 성명

(마) 항공고시보(NOTAM) 또는 항공회보(AIRAD) 전파 필요성 여부

(바) 기타 승인 여부의 결정에 참고 될 수 있는 사항

(사) 필요시 지도·요도 및 비행기기 사진 등을 첨부

(2) 수도방위사령관(작전처 방호과)은 승인 결과(제한사항 등)를 계획된 활동일 2일(근무일 기준) 전까지 신청부서, MCRC 및 기타 관계부대(부서)에 통보하여 필요한 조치를 취하도록 한다.

15.3. 신청자의 책임

(1) 기타 항공활동을 신청한 부서(책임자)는 기타 항공활동 시 승인 조건을 철저히 이행해야 하며 기타 항공활동으로 인해 유발될 수 있는 사항에 대한 사전 안전조치를 철저히 하여야 한다.

(2) 기타 항공활동이 김포공항, 서울비행장(K-16), 용산헬기장 및 활동 지역 인근 비행기지에 영향을 미칠 경우에는 해당 항공활동 신청자가 해당 기관의 동의를 득하여야 한다.

16. 행정 사항

16.1. 위규비행 시 행정절차

민간항공기와 국가기관 항공기가 부주의한 비행으로 P73 비행금지구역 및 R75 비행 제한구역을 침범하는 등의 위규비행 시 수도방위사령관은 국토교통부(서울지방항공청) 또는 경찰청으로 관련 사실을 통보하여「항공안전법」에 따른 처분을 요청할 수 있다.

(1) 군용항공기(주한 미군 포함)와 경찰 항공기는 「항공안전법」적용의 제외 대상으로, 위규비행 시 해당 기관의 규정에 따라 처분된다. 따라서 수도권 통제공역을 침범하는 등의 위규 비행 시, 수도방위사령관은 위규비행 항공기의 소속기관으로 관련 사실을 통보하고 본 지침서에 따른 비행 절차 준수를 요청하여야 한다.

(2) (1)에 따른 조치에도 불구하고, 2회 이상 위규비행을 행한 조종사에 대하여 P73 비행금지구역 및 R75 비행제한구역 내에서의 비행 또는 P73 인근 시계비행로 비행을 승인하지 않을 수 있다.

공항 및 비행장, 헬기장 지명 부호

17. 지명 부호

항공기 운항에 관련된 비행장, 통신소, 시설의 지명을 약어로 표시하여 항공고정업무에 사용한다. 보통 이 약어는 메시지의 송신 및 수신처를 간략한 문자로서 표시함으로 송수신처의 식별을 용이하게 하는데 사용되고 또한 항공고시보에 있어서 지명을 식별하는데 사용한다.

17.1. 공항 및 비행장

소속	명칭	ICAO 부호	군 부호	소속	명칭	ICAO 부호	군 부호
공군	강릉	RKNN	K18	육군	수색	RKRS	G113
	광주*	RKJJ	K57		양주	-	G218
	김해*	RKPK	K1		양구	-	G404
	대구*	RKTN	K2		양평	RKRG	G301
	사천*	RKPS	K4		연기	-	G532
	서산	RKTP	K76		영천	RKUY	G801
	서울	RKSM	K16		용인	RKRY	G501
	성무	RKTE	K60		이동	RKRI	G231
	수원	RKSW	K13		이천	RKRN	G510
	예천	RKTY	K58		전주	RKJU	G703
	원주*	RKNW	K46		조치원	RKUC	G505
	중원	RKTI	K75		철원	-	G237
	청주*	RKTU	K59		춘천	RKMS	G307
미공군	군산*	RKJK	K8		파주	RKRP	G110
	오산	RKSO	K6		포천	RKRO	G217
미8군	평택	RKSG	K55		하남	RKRC	G280
해군	군하리	-	N225		현리	RKMA	G420
	목포	RKJM	K15		홍천	RKMB	G419
	진해	RKPE	K10		화천	-	G313
	포항*	RKTH	K3	공항공사	무안	RKJB	-
	포승	RKBN	N234		서울	RKSS	-
육군	가납리	RKRA	G222		양양	RKNY	-
	가평	RKRK	G213		여수	RKJY	-
	금왕	RKUK	G610		울산	RKPU	-
	논산	RKUL	G536		울진	RKTL	-
	덕소	RKRD	G290		인천	RKSI	-
	부천	RKRB	G103		제주	RKPC	-
	사창리	RKMH	G312	민간	정석	RKPD	-
	속초	RKND	G407		태안	RKTA	-

* : 민군합동공항

17.2. 헬기장

구분	헬기장 위치	ICAO 부호
산림청	강릉 관리소	RKNH
	안동 관리소	RKTD
	양산 관리소	RKPY
	영암 관리소	RKJA
	울진 관리소	RKTK
	원주 관리소	RKNK
	익산 관리소	RKJI
	제주 관리소	RKPF
	진천 관리소	RKUJ
	청양 관리소	RKTB
	함양 관리소	RKPA
소방청	강원(양양)	RKNY
	강원(횡성)	RKMC
	경기(용인)	RKBY
	경남(합천)	RKPB
	경북(포항)	RKTJ
	부산	RKPP
	울산	RKPL
	인천	RKRE
	전남(영암)	RKJA
	전북(장수)	RKJF
	충남(청양)	-
	수도권 중앙119(남양주)	RKSH
	영남 중앙119(대구)	RKTG
	충청·강원 중앙119(충주)	RKUA
	호남 중앙119(화순)	RKJH
경찰청	인천	RKRE
	전북(완주)	RKLJ
	충북(청주)	-
	충남(공주)	-
해양 경찰청	강릉	RKNH
	군산	RKJG
	인천	RKRE
응급 의료 지정 병원	가평 HJ 국제병원	RKBC
	광주 전남대학병원	-
	광주 조선대학병원	-
	구로 고대병원	-
	대구 경북대학병원	-
	대구 삼일병원	-
	동탄 성심병원	-
	대전 을지병원	-

구분	헬기장 위치	ICAO 부호
응급 의료 지정 병원	목포 한국병원	-
	부산대학병원	-
	부산의료원	-
	분당 서울대학병원	-
	수원 아주대학병원	RKBG
	서울 삼성병원	RKBI
	서울 성모병원	-
	서울대학병원	-
	서울 은평성모병원	-
	서울의료원	-
	이대 서울병원	-
	성남시의료원	-
	세종 충남대병원	-
	신촌 세브란스병원	-
	서울아산병원(신관)	-
	안동병원	RKTD
	오송 베스티안병원	-
	양산 부산대학병원	-
	용인 세브란스병원	-
	울산대학병원	-
	원주 기독병원	-
	의정부 성모병원	RKSB
	의정부 을지병원	-
	익산 원광대학병원	RKJC
	인천 길병원	-
	인천 인하대학병원	-
	제주 한라병원	-
	제주 대학병원	-
	창원 삼성병원	RKPH
	천안 단국대학병원	RKDH
	청송 보건의료원	-
	청주 충북대학병원	-
	칠곡 경북대학병원	-
민간	거제 삼성중공업	RKPI
	곤지암 CC	-
	과천 정부청사	RKBA
	광양 포스코	RKJS
	광주 삼성전자	RKJE
	구미 삼성전자	RKTV
	김포 항공산업단지	RKBU
	대구 종합경기장	-

구분	헬기장 위치	ICAO 부호
민간	대전 정부청사	-
	대전 헬리코리아	RKDJ
	마곡 LG 싸이언스	-
	서초 삼성전자	-
	세종 정부청사	-
	수원 KBS	RKBW
	수원 삼성	RKBE
	양재 현대차	RKBD
	여의도 KBS	RKBS
	여의도 LG 트윈타워	-
	영덕 삼성 연수원	-
	예산 UI헬리콥터	RKDB
	오창 LG 화학	-
	옥포 한화오션	-
	용산 노들섬	RKBJ
	용인 에버랜드	RKBP
	울산 현대차	-
	의왕 현대차	RKBF
	인천 LG전자	-
	잠실 고수부지	RKSJ
	창원 두산중공업	-
	청주 RHF	-
	포항 포스코	RKTS

무선통신 기법 및 절차

18. 무선통신기법(Radiotelephony)

18.1. 조종사의 송신/복창(Readback) : 조종사가 반드시 복창하여야 하는 사항

(1) 항공교통관제(ATC) 비행허가 전부
(2) 활주로에의 진입(enter), 착륙(land on), 이륙(take off on), 활주로 대기(hold short of), 활주로횡단(cross taxi) 및 역추진(backtrack) 허가 및 지시
(3) 사용 활주로, 고도계 수정치, 2차 감시레이더 코드, 고도지시, 기수 및 속도 지시, 천이고도(관제사 발부 또는 ATIS에 포함 여부에 관계없이)

18.2. ICAO 표준용어 및 어구

용어 및 어구	의미
ACKNOWLEDGE	이 메시지를 수신하고 이해하였음을 알려달라
AFFIRM	예 (AFFIRMATIVE 는 표준용어에서 삭제됨)
APPROVED	요청사항에 대해 허가한다
BREAK	메시지 내용이 분리됨을 표시한다.(메시지와 메시지 사이가 명확하지 않을 때 사용)
BREAK BREAK	매우 바쁜 환경에서 서로 다른 항공기에게 전달할 메시지가 분리됨을 표시한다
CANCEL	이전에 송신된 허가를 취소한다
CHECK	시스템이나 절차를 확인하라(통상 대답을 요하지 않음)
CLEARED	특정한 비행조건 하에서 진행을 허가한다
CONFIRM	내가 수신한 내용이(...)이 정확한가? 혹은 / 이전 수신한 메시지를 정확하게 수신하였는가(메시지 확인)
CONTACT	... 와 무선 교신하라
CORRECT	틀림없다
CORRECTION	통신 내용에 오류가 있어 발신하였으며, 수정된 내용은 ... 이다
DISREGARD	송신한 것이 없는 것으로 간주하라
GO AHEAD	귀하 전달 하라(주:관제 사용자는 ICAO에서는 혼동의 이유로 표준용어에서 삭제)
HOW DO YOU READ	나가 송신한 내용을 어떻게 수신 할 수 있는가?
I SAY AGAIN	정확성을 확보하고 싶고 강조하기 위해 반복하겠다
MONITOR	주파수를 청취하라
NEGATIVE	NO, 허가불가, 혹은 그것은 정확하지 않다
OUT	교신이 종료되고 더 이상 대답이 예상되지 않음
OVER	내 송신이 끝났으니 그쪽의 대답을 바란다
READ BACK	내 메시지의 전부나 지정된 부분을 정확하게 반복해 달라

단어 및 어구	의미
RECLEARED	이전의 허가사항이 변경되었으니 새로운 허가사항으로 변경하라
REPORT	다음의 정보를 나에게 전해달라
REQUEST	.을 알고싶다. ...을 얻고싶다
ROGER	당신의 마지막 송신을 모두 받았다 (주- "READ BACK"을 요구하는 질문이나 혹은 긍정이나 부정으로 직접 대답하기 위해서 사용되어지는 상황이 아닐 때)
SAY AGAIN	마지막으로 송신한 내용의 전부나 일부를 반복하라
SPEAK SLOWER	말하는 속도를 천천히 하라
STANDBY	기다리면 내가 부르겠다
VERIFY	발신자에게 확인 점검하라 (상태확인)
WILCO	당신의 메시지를 알아들었으며 그대로 따르겠다
WORDS TWICE	- 요청시 : 통신내용이 어려우니 모든 낱말이나 구를 두번 반복해 달라
	- 정보 제공시 : 통신내용이 어려우니 이 메시지의 단어나 구를 두 번보낼 것이다

19. 공항 입출항 무선통신절차

19.1. Clearance and Taxi
(1) Taxi Instruction

지상활주 및 지상운행 : 이동할 경로를 포함하여 발부하며, 지상 이동 중 대기가 필요한 경우는 대기지시를 포함한다.
- HOLD POSITION
- HOLD FOR (이유)
- CROSS(runway/taxiway)
- TAXI/CONTINUE TAXING/PROCEED/VIA (route)
- ON(활주로 또는 유도로 번호 등) TO(위치) 또는 (방향)
- HOLD SHORT OF(위치)
- TAXI TO HOLDING POINT (번호)(활주로 번호)
- TAXI TO HOLDING POINT (활주로 번호) VIA (특정 경로)
- RUNWAY 번호, TAXI VIA (번호), HOLD SHORT OF (번호)

- ATC - HL9101, Taxi to Holding point Runway 32R via Papa4, Papa
- Pilot - Taxi to holding point Runway 32R via Papa4, Papa, HL9101
- ATC - HL9101, Runway 32 Left, Taxi via taxiway Papa, Bravo 2, Hold short of Runway 32Right
- Pilot - Runway 32 Left, Taxi via taxiway Papa, Bravo 2, Hold short of Runway 32 Right, HL9101
  ※ 주) 항공기가 지상활주 경로를 따라 활주로 진입 전 대기 (Hold Short of Runway)가
  필요할 때 주로 사용한다.

19.2. Take-off and Landing

(1) Line Up and Wait

• 이륙하기 대기는 활주로가 지체없이 출발가능할 것이 확실한 이후 이륙 전 대기하라는 의미이다.
• 이륙하기 대기 중, 이륙하기로는 자체없이는 착륙허가는 영어로 FULL STOP, TOUCH AND GO, STOP AND GO, OPTION, UNRESTRICTED LOW App를 통제한다.
• 통 이상이 활주로상의 공성 중일 때, 이륙 지점에서 대기하라(LUAW)를 지가받을 때, 활주로 상태를 인지 받지 말라 한다.

• ATC – HL9101, Runway 32R Line up and Wait
• Pilot – Lining up and wait Runway 32R, HL9101

(2) Continue Approach

• ILS 접근 중 최종접근점 및 고지 사이에 조종사가 FINAL(또는 Established)이란 용어를 사용하여 관제사에게 접근하가가 대한 CONTINUE Approach란 지시되는 경우가 있다.
• 이 후 중 접근하가가 아직 지연됨에는 의미이며, 철탑'Cleared to Land'가 아님을 유의해야 한다.

• Pilot – GIMPO tower, HL9101, Approaching Final runway 14R
• ATC – HL9101, Continue Approach runway 14R ('Traffic landing roll)
• Pilot – Continue Approach, HL9101

(3) Go-Around

• 복행(실패접근)은 관제사의 지시나 조종사에 의해 여러가지 상황될 수 있으며, 이때 사용하는 용어는 'Go-Around'이다. (관제사 지시 시)

• ATC – HL9101, Go-Around ('Traffic on the Runway')
• Pilot – Going around, HL9101 (조종사 요구 시)
• Pilot – HL9101, Going around
• ATC – Roger, HL9101, Fly runway heading, Climb to 5,000

19.3. Approach

(1) Approach와 첫 교신 시

• 다른 관제기관(또는 ACC)에서 해당 Approach로 최초 교신할 경우 다음 사항들을 포함한다. : 호출부호, 위치, 고도(또는, 통과고도), ATIS 수신유고, 기타 요구사항

• Pilot – Seoul Approach HL9101, Approaching(또는, 10Miles east of) KARBU, Maintain 9,000, Information(또는, With) PAPA, Request ILS Runway 14R Approach

- ATC - HL9101, Roger, Fly heading 270, Descend to 8,000 Expect Vector To (Vectoring for) ILS Runway 14R Approach
- Pilot - Fly Heading 270, Descending 8,000 Expect ILS 14R, HL9101.

   (2) 속도 조절

- 항공기 유도 중에는 기수 방향 지시 뿐만 아니라 항공기간의 분리를 위하여 ATC에서 속도 지시를 하게 된다.
- ATC의 속도 지시에 적절히 따르며, 조종사는 필요 시 언제든지 원하는 속도로 환원시켜달라고 요구할 수 있다.

- Pilot - Seoul Approach HL9101, Approaching(또는, 10Miles east of) KARBU, Maintain 9,000, Information(또는, With) PAPA. Request ILS Runway 14R Approach
- ATC - HL9101, Roger, Fly heading 270, Descend to 8,000 Expect Vector To (Vectoring for) ILS Runway 14R Approach
- Pilot - Fly Heading 270, Descending 8,000 Expect ILS 14R, HL9101.

   (3) VFR 비행 중 IFR 접근 요구 시

- VFR 비행 중 목적공항 도착관제사에게 계기비행으로 전환하여 ILS 접근 및 착륙 요청 시 사용한다.

- Pilot - Seoul Approach HL9101, Approaching(또는 10 Miles east of) KARBU, Maintain 9,000, Information(또는 With) PAPA. Request IFR Clearance and ILS approach to GIMPO
- ATC - HL9101, Roger, Squawk 0301 and IDENT.
- Pilot - Squawk 0301 IDENT, HL9101
- ATC - HL9101, Radar Contact(Identified), (Position) 10 miles East of KARBU, Cleared to Gimpo via ANYANG then radar vectors, squawk 0301 Descend to 8,000, Expect ILS Runway 14R approach
- Pilot - Cleared to Gimpo via ANYANG then radar vectors, squawk 0301 Descending 8,000, expect ILS Runway 14R, HL9101
- ATC - HL9101, Altimeter 2992, Fly Heading 270
- Pilot - Altimeter 2992 fly heading 270, HL9101
※ VFR 비행 중에서 IFR로 전환 시 공중에서 별도의 비행계획서를 제출하지는 않고 해당 관제기관에 무선교신을 통하여 직접 IFR 허가를 요구할 수 있다.

   (4) ILS 접근 허가

- 계기접근을 위해서는 반드시 Approach에서 해당 계기접근방식(ILS, VOR 등)에 대하여 허가를 받아야 한다.
- ILS 접근허가 시 사용되는 용어는 아래와 같다.

- ATC - HL9101, (Position 4 miles from final approach fix) Turn Right Heading 110, Descend to 1,800 Until Established on the Localizer, Cleared ILS Runway 14R Approach.
- Pilot - Right Turn Heading 110, Descending 1,600 Until Established, Cleared ILS Runway 14R Approach, HL9101
- Pilot - Seoul Approach, HL9101 Established on the Localizer 14R
- ATC - HL9101, (8 Miles from Touchdown,) Contact GIMPO Tower 118.1

---

(5) Vector across Final

- 관제사가 항공기를 FINAL로 레이더 유도 중, 선행기와의 분리를 위하여 Localizer 연장선을 Cross 시킬 때 다음과 같은 용어를 사용한다.

- ATC - HL9101, Expect vector across final for spacing.
- Pilot - Roger, HL9101.

---

(6) B등급 공역에서 VFR 비행

---

① 공항 이륙 후 B등급 공역을 이탈할 경우
- Pilot - Seoul approach, HL9101, over KILO, maintain 2,000 Request Southbound
- ATC - HL9101, Squawk IDENT
- Pilot - Squawk IDENT, HL9101
- ATC - HL9101, Seoul approach Radar contact, 5 miles South of GIMPO, Cleared out of B airspace via SIERRA, Maintain 2,000
- Pilot - Cleared out of B airspace via SIERRA, Maintain 2,000, HL9101
- Pilot - Seoul approach HL9101, Request frequency change?
- ATC - HL9101, Leaving B airspace(또는, Leaving Seoul airspace) maintain VFR Frequency change approved
- Pilot - Frequency change approved, HL9101

② 비행 중 B등급 공역으로 진입할 경우
- Pilot - Seoul approach, HL9101 20miles south of Gimpo,
- Request entering Bravo airspace for landing Gimpo
- ATC - HL9101, Seoul approach Radar contact, 20 miles South of GIMPO, Cleared enter Bravo airspace via SIERRA then KILO, Maintain 3,000, Altimeter 2992
- Pilot - Cleared enter Bravo airspace via SIERRA KILO, Maintain 3,000, Altimeter 2992, HL9101

19.4. 비상, 비정상 상황

(1) 비상 선언

- MAYDAY, MAYDAY, MAYDAY or PAN-PAN, PAN-PAN, PAN-PAN
- 관제 기관명
- 호출부호
- 비상 및 비정상의 유형, 상태
- 조종사 의도(요구 사항)
- (필요 시) 항공기 위치, 고도, 속도 등
- (필요 시) 탑승객 수, 탑재연료량(비행가능시간) 등

- Pilot - MAYDAY MAYDAY MAYDAY, Seoul approach, HL9101, Fire on the left engine.
- ATC - HL9101, Seoul approach, Roger. Say your intention?
- Pilot - Request radar vector to final for landing. Request fire fight and rescue service
- ✓ Mayday, Mayday, Mayday(Distress 상황) : 항공기가 즉각적인 도움이 필요한 상황
- ✓ PAN-PAN, PAN-PAN, PAN-PAN(Urgency 상황) : 항공기가 즉각적인 도움을 필요하지는 않지만 언제든지 Distress 상황으로 진행될 수 있다고 판단되는 상황
- ✓ 비상선언은 가능하면 사용 중인 주파수로 하며, 불가능 시 : Squawk 7700 또는 비상주파수 121.5Mhz 이용

(2) 연료 부족

- 연료 부족이 예상되는 경우 관제사에게 상황을 설명하고 남은 연료량을 비행거리 및 비행시간의 단위로 설명을 해주어야 이해가 쉽다.
- 우선순위가 예상되거나 바로 접근이 이루어져야 하는 경우는 동 사항도 분명하게 언급
- Minimum fuel은 비상상황이 아니며 우선순위를 받는 것도 아님을 명심하고, 위험한 단계의 연료 상태인 경우는, Emergency fuel임을 명확히 함

- ATC - HL9101, Seoul approach, Expect radar vector hold 30 minutes due to traffic.
- Pilot - Seoul approach, HL9101, Unable to hold for 30 min, due to Minimum fuel. We have fuel for 20min remain. Request land without delay.
- ATC - HL9101, Seoul approach, Roger, Expect Hold 10min due to traffic
- Pilot - Seoul approach, HL9101, We are Declare Emergency, and Unable to hold due to Emergency Fuel, Request land without delay
- ATC - HL9101, Seoul approach, Roger, Now radar vector for inbound. (or, now direct to "K" for land)

(3) 통신 두절(Lost Communication)

- 통신이 두절 된 경우, 관제사는 조종사가 수신이 가능한지 여부를 계속 파악하게 된다.
- 많은 경우 상황이 악화될 때까지 조종사가 통신 두절 여부를 인지하지 못함에 따라 자신의 통신이 적절하게

유지되고 있는지에 관심을 가져야 하며, 통신이 두절되었을 경우 적절한 대응 방법을 모색해야 한다.
- 시계비행의 경우 공항 근거리/저고도에서는 이동통신(휴대폰)을 이용한 통신을 확보할 가능성이 있으므로 시도가 필요하다.

〈통신 감도 확인〉
- ATC - HL9101, Seoul approach, RADIO CHECK. How do you read me?
- Pilot - Seoul approach, HL9101 , READABILITY 3 WITH A LOUD BACKGROUND WHISTLE. HOW DO YOU HEAR ME?
- ATC - HL9101, Seoul approach, Loud and Clear

※ 송신 감도 등급
  1. Unreadable : 판독 불가
  2. Readable now and then : 때때로 판독 가능
  3. Readable but with difficulty : 판독 가능하지만 어려움
  4. Readble : 판독 가능
  5. Perfectly Readble(Loud and Clear) : 완벽하게 판독 가능

〈통신 불능 확인〉
- ATC - HL9101, Seoul approach, RADIO CHECK.
- Pilot - (…….SILENCE)
- ATC - HL9101, Seoul approach, IF YOU HEAR ME Squawk IDENT.
- Pilot - (IDENTING)
- ATC - HL9101, Seoul approach, IDENT Observed, CLEARED TO "K" ,
        If you hear me IDENT.
- Pilot - (IDENTING)

19.5. 기타

(1) 교통정보 및 회피지시 발부

〈기수 방향 변경 지시〉
- ATC - TRAFFIC ALERT, HL1101, Turn left three zero degrees Immediately to avoid traffic at one o'clock six miles east conversing at same altitude.
- ATC - TRAFFIC ALERT, HL1101, Turn left heading three zero zero Immediately to avoid traffic at one o'clock six miles at One o'clock six miles opposite directionat same altitude

〈고도 방향 변경 지시〉
- ATC - TRAFFIC ALERT, HL1101, Clime and Maintain one three thousand Immediately to avoid traffic at one o'clock six miles, conversing at one zero thousand three hundred feet climbing, type unknown.

(2) VFR 비행 중 악기상 조우

- VFR 항공기가 시계비행 기상상태를 유지할 수 없을 경우, 조종사는 그 상황을 관제사에게 통보하고, 추가적인 레이더 서비스를 제공받을 수 있다.
  - 관제권 내 Special VFR이 가능한 기상이라면, SVFR 허가를 받을 수 있으며,
  - 관제권 밖인 경우에 IFR 자격을 소지한 경우, IFR로 전환하여 계기접근을 수행하거나,
  - 관제권 밖에서 IFR 자격을 소지하지 못한 경우에는 VFR 기상이 유지될 수 있는 곳으로 레이더 유도가 된 후 기상 상태가 양호해진 후에 그 지역으로 재진입할 것이 예상된다.

- Pilot - Seoul approach, HL9101, we are unable maintain VFR Due to cloud, Request IFR clearance for Gimpo and request radar vector to approach
- ATC - HL9101, Seoul approach, Roger. Squawk 0301 and IDENT
- Pilot - Squawk 0301 and IDENT, HL9101
※ 기상이 나빠질 것으로 예상되면 시계비행 자격만을 소지한 조종사는 가능하면 비행을 자제하여야 위험한 상황을 예방할 수 있다.

(3) Special VFR (특별시계비행)

- 관제권 내에서 기상조건이 시계비행 기상치 미만일 때(시정 1,500M 이상~5KM 미만) 조종사의 요구에 따른 관제탑의 허가로 실시하는 제한적 시계비행방식
- 우리나라에서는 관제권에서만 허가되는 비행방식으로 접근관제구역에서 시계비행 기상상태가 안될 경우에는 특별시계비행이 아닌 계기비행으로 전환을 하거나, 자격이 없는 경우에는 시계비행 기상상태가 유지되는 곳으로 돌아가야 함

〈관제권 밖〉
- ATC - HL9101, Seoul approach, Say flight visibility?
- Pilot - Seoul approach, HL9101, Flight visibility is 2 miles. We are unable to maintain VFR. Request Special VFR.
- ATC - Unable Special VFR out of control zone, Maintain VFR and request Special VFR after contact with Gimpo Tower, Say intention?
- Pilot - HL9101, Request pick up IFR for ILS approach.
- ATC - HL9101, Roger. Are you ready to copy IFR clearance for Gimpo?

〈관제권 내〉
- ATC - HL9101, Gimpo Tower, Airport Visibility 3,000m Say Intention?
- Pilot - Gimpo Tower, HL9101, Request Special VFR.
- ATC - HL9101, Proceed Kilo, Cleared enter control zone, Maintain Special VFR condition.

헬기장 설치 기준

20. 헬기장 용어 정의

- 회전익 항공기 크기(D) : 해당 헬기장에 사용 예정인 가장 큰 회전익 항공기의 주 회전날개를 포함한 전체 길이와 폭 중 큰 값
- 착륙구역(TLOF : Touchdown and lift-off area) : 회전익항공기가 지면 또는 구조물의 표면에 접지 또는 부양할 수 있는 구역("D"의 0.8배)
- 활주로(FATO, Final Approach and Take off Area) : 회전익항공기가 제자리비행(hover)을 위해 착륙접근조작의 마지막 단계가 완료되는 지역 또는 이륙 기동이 시작되는 지역("D"의 1.2배, 최소 15m 이상)
- 착륙대(Safety area) : 활주로를 이탈하는 회전익항공기의 손상 위험을 줄이기 위해 활주로 주변에 일정한 크기로 설치하는 구역(활주로 양 끝 경계면에서 "D"의 0.5배 이상 확장)

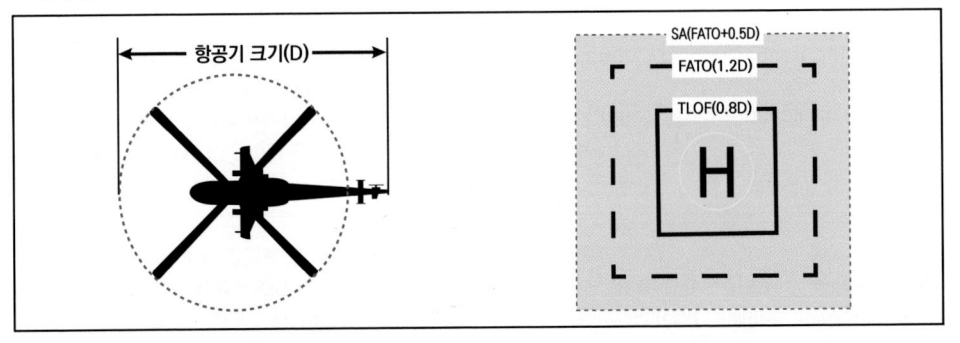

21. 기종별 헬기장 설치 기준(단위:미터)

기종	D	FATO	SA	기종	D	FATO	SA
AS-350B2	13.0	15.6	22.1	EC225	19.5	23.4	33.2
AS-365	13.7	16.4	23.3	F-28	8.9	10.7	15.1
AW109SP	13.0	15.6	22.1	H135	12.16	14.6	20.7
AW139	16.7	20.0	28.4	H-369D	10.0	12.0	17.0
AW169	14.7	17.6	25.0	K-1200	15.8	19.0	26.9
AW189	17.6	21.1	29.9	KA-32	11.0	13.2	18.7
Bell-205(UH-1H)	17.6	21.1	29.9	KUH-1(수리온)	19.0	22.8	32.3
Bell-206L	12.9	15.5	21.9	Mi-172	25.3	30.4	43.0
Bell-212	17.5	21.0	29.8	MI-2	11.4	13.7	19.4
Bell-214B-1	19.0	22.8	32.3	107-II(CH-46)	25.4	30.5	43.2
Bell-230	15.3	18.4	26.0	R22	8.8	10.6	15.0
Bell-407	12.6	15.1	21.4	R44	11.7	14.0	19.9
Bell-412SP	17.1	20.5	29.1	S-58JT	20.1	24.1	34.2
Bell-430	15.3	18.4	26.0	S-61N	22.2	26.6	37.7
BK117	13.0	15.6	22.1	S-64E	21.4	25.7	36.4
BO105 S	11.9	14.3	20.2	S-76	16.0	19.2	27.2
EC-155	14.3	17.2	24.3	S-92A	20.9	25.1	35.5

헬기장 위험 및 책임 평가

22. 헬기장 위험 및 책임 평가 도구(HRLAT)

- HRLAT(Heliport Risk & Liability Assessment Tool) 미국의 Heliexpert International LLC에서 2013년에 개발한 헬기장 위험 및 책임 수행에 대한 평가 도구로서 개별 헬기장 현장의 헬리콥터와 헬리콥터 운영, 헬기장 소유자에 대한 전반적인 위험 노출을 정량화하고 이해하기 위해 정부와 기관, 항공 조직, 개인들과 협력하여 개발하였다.
- 총 위험 노출 비율은 4단계로 분류되며, 세부 등급은 다음과 같다.

단 계	위험 노출비율	비 고
Low(안전)	0% ~ 12%	- Y : 예, N : 아니오, NA : 해당없음
Medium(보통)	13% ~ 24%	
High(위험)	25% ~ 36%	- 계산법 : $\dfrac{N(점수합계)}{N(점수합계)\,+\,Y(점수합계)}$
Extreme(매우 위험)	36% 초과	

- 중요 요소 위험 노출 수준(붉은색 항목 수)은 4단계로 분류되며, 세부 등급은 다음과 같다.
  - Low(안전) : 0개
  - Medium(보통) : 1 ~ 2개
  - High(위험) : 3 ~ 4개
  - Extreme(매우 위험) : 5개 이상

23. 헬기장 위험 및 책임 평가 목록

NO		헬기장 위험 및 책임 평가 내용	점수	Y/N/NA
1	관리	공식적으로 헬기장 관리자로 지정된 사람이 있습니까?	1	
2		헬기장 관리자의 연락처 정보는 최신 정보이며 관할 지방항공청에 보관되어 있습니까?	1	
3	문서	헬기장은 관할 지방항공청의 허가를 받았습니까?	2	
4		헬기장 소유자가 최신 국토교통부 문서 사본을 보관하고 있습니까?	1	
5		모든 헬리콥터 운영자와 헬기장 소유주 사이에 합의서가 있습니까?	1	
6		관할 지방항공청에 파일로 헬기장에 대한 헬기장 관리 기록이 있습니까?	2	
7		헬기장 관리에 대한 정보가 지난해에 확인 및 업데이트되었습니까?	1	
8		현재 및 미래의 모든 확장 계획이 수립되어 있습니까?	1	
9		헬기장에 대한 문서화되고 출력된 운영 절차 지침이 있습니까?	1	
10	TLOF	TLOF 크기는 해당 헬기장에서 운항 가능한 가장 큰 헬리콥터에 적합합니까?	4	
11		TLOF 크기는 해당 헬기장에서 수행되는 운항 유형에 적합합니까?	3	
12		TLOF의 표면과 경사도는 사용 가능한 상태입니까?	2	
13		헬기장에 손상되지 않고 미끄럼 방지 기능의 표면으로 되어있습니까?	1	
14		TLOF는 서비스를 제공할 가장 무거운 설계 항공기를 위해 설계되었습니까?	4	
15		TLOF 영역에 모든 장애물이 제거되었습니까?	4	
16	FATO	FATO 크기는 헬기장에 서비스를 제공할 해당 설계 항공기를 위해 충분히 크기입니까?	3	
17		FATO 구역 내에 모든 장애물이 제거되어 있습니까?	4	
18		FATO 구역 내에 모든 비산물이 제거되어 있습니까?	2	
19	안전구역	FATO 주변에 안전구역이 지정되어 있습니까?	3	
20		안전구역은 설계 항공기와 FATO 및 TLOF 표식에 근거한 적절한 크기입니까?	2	
21		안전구역 내에 모든 장애물이 제거되어 있습니까?	4	
22		안전구역 내에 비산물들은 제거되어 있습니까?	2	
23	접근	헬기장 지역으로 장애물이 없는 접근 및 출발 경로가 최소 2개 방향에 있습니까?	4	

NO		헬기장 위험 및 책임 평가 내용	점수	Y/N/NA
24	출발	접근 및 출발 경로가 주 풍향과 일치하고 규정된 분리 기준을 충족합니까?	2	
25		주변 시설에 대한 소음 영향을 최소화하도록 접근 및 출발 경로가 수립되어 있습니까?	1	
26		8:1 접근/출발 표면 및 2:1 전이 표면에 장애물 침투가 없습니까?	4	
27	풍향계	헬기장 인근에 풍향계가 적절하게 설치되어 있습니까?	3	
28		풍향계의 크기가 적합합니까? (*일부 지역은 여러 개의 풍향계가 필요할 수 있음)	1	
29		착륙장과 공중에서 조종사가 풍향계를 볼 수 있습니까?	2	
30		풍속과 풍향이 정확하게 반영되도록 풍향계를 설치하였습니까?	2	
31		풍향계는 야간작업을 위해 적절하게 조명이 되어있습니까?	1	
32		풍향계와 그 지지 구조는 사용 가능한 상태입니까?	2	
33	표식안내	헬기장의 TLOF 및 FATO 표시가 공항시설법을 따르며 양호한 상태입니까?	2	
34		관장 접근 및 출발 경로를 나타내기 위해 방향표시가 되어있습니까?	1	
35		모든 관련 안전 표지판이 게시되어 있습니까?	3	
36		모든 보행자 접근 지점과 대기 구역이 적절하게 위치하고 올바르게 표시되어 있습니까?	1	
37		헬기장 주변에 자기장 편차가 큰 경우 안내문과 표지판이 설치되어 있습니까?	4	
38	등화시설	야간 비행을 위해 공항시설법에 따라 TLOF 주변에 조명이 설치되어 있습니까?	2	
39		모든 헬기장 등화가 작동됩니까?	2	
40		야간 비행을 위해 접근 및 출발 경로를 표시하기 위해 착륙 지시등이 사용됩니까?	1	
41		모든 투광 등은 승무원의 야간 시야를 방해하지 않도록 설치 및 배치되어 있습니까?	3	
42		현장에 적절한 유형과 디자인의 헬기장 등대가 설치되어 있습니까?	1	
43		공항시설법에 따라 모든 항행용 장애물이 올바르게 조명되어 있습니까?	4	
44	일반안전	헬기장 시설과 관련된 모든 시설 및 장비에 대한 유지보수 계획이 마련되어 있습니까?	1	
45		FATO 구역 가장자리에서 60m 주변 지역에 나무가 없고 깨끗합니까?	2	
46		헬기장 주변 지역과 비행경로는 헬기장 설치기준에 따라 재조정되거나 통제되었습니까?	1	
47		착륙장 주변 60미터 이내의 지역에 비산물 또는 파편(F.O.D.)이 있는지 정기적으로 점검합니까?	2	
48		공식화되고 문서화된 반복적인 헬기장 안전 검사 프로그램이 마련되어 있습니까?	1	
49		악천후나 헬기장 폐쇄에 대한 대체 계획이 있습니까?	2	
50		헬리콥터 조종사에게 적시에 안전 문제와 위험을 알리는 문서화된 시스템이 있습니까?	2	
51	소방안전	모든 가연성, 가스 저장 탱크는 헬기장에서 적절한 거리에 배치되어 있습니까?	4	
52		현장에서 급유가 가능한 경우 배수 시스템에 연료/물 분리 시스템이 있습니까?	2	
53		현장에서 급유가 가능한 경우 현장에 연료 유출 키트가 있습니까?	2	
54		헬기장이 올바른 방향으로 적절하게 경사져 있습니까?	2	
55		모든 필수 소방안전 기준을 준수합니까?	4	
56		헬기장 부지에 적절한 크기와 형식의 소화기가 올바르게 배치되어 있습니까?	3	
57	보안	무단 접근 방지를 위해 헬기장 주변에 보안 장벽이 설치되어 있습니까?	3	
58		헬리콥터 운용 중에 보안 요원이 배치됩니까?	2	
59		헬기장 지역은 CCTV로 모니터링됩니까?	1	
60		헬기장에 허가된 직원만 출입하라는 경고 표지판이 게시되어 있습니까?	1	
61	훈련 및 교육	관계자가 준수해야 하는 명문화된 표준 운영 절차(SOP)가 있습니까?	2	
62		관계자를 대상으로 평가를 포함된 문서화된 기초 및 연간 교육 프로그램이 있습니까?	2	
63		제설에 대한 절차가 마련되어 있습니까?	2	
64		화재 발생 시 최초 대응자를 위한 비상조치 계획 및 교육 프로그램이 있습니까?	3	
65		관계자가 헬리콥터 제공자/운영자 및 최초 대응자와 함께 최소한 매년 훈련을 합니까?	2	
66	옥상헬기장	옥상 헬기장의 주변 구역은 해당 소방법을 준수합니까?	3	
67		헬기장 주변의 모든 지역에 안전망이 설치되어 있습니까?	4	
68		안전망은 환경 영향, 화재에 강하고 요구되는 크기 및 설계 사양을 충족합니까?	3	
69		헬기장과 옥상을 이어주는 두 개의 별도 비상 탈출지점이 적절하게 설치되어 있습니까?	3	
70		헬기장에 관련 규정에 따라 화재 진압 시스템이 설치되어 있습니까?	4	

한국형 도심항공교통(K-UAM) 운용 개요

24. 도심항공교통 개념

24.1. UAM(Urban Air Mobility)은 도심 내에서 eVTOL(전기추진 수직이착륙기) 등 친환경·저소음 비행체를 활용해 승객·화물을 운송하는 차세대 항공교통체계를 의미한다.
   * 미래항공교통(AAM)의 일부로서 도심 내 운용 중점

24.2. UAM의 특징은 아래와 같다.

   (1) 수직 이착륙 : 최소 공간으로 도심 내 운용

   (2) 분산전기추진 : 안전성 확보와 친환경 및 저소음(헬기 20% 수준)

   (3) 교통연계 : 모든 교통수단이 연계된 통합교통(MaaS)의 한 축

   (4) 기술집약 : 첨단소재, 배터리, AI, 5G·6G, 자율비행, 원격제어, 위성통신

24.3. eVTOL 유형

구분	멀티로터	리프트 & 크루즈	틸트형
형태			
개념	다수의 고정된 수직 로터로 구성	이착륙(수직)/비행(수평) 시 각각 작동하는 독립된 고정식 추진부로 구성	동일한 추진부가 회전하며 이착륙(수직) 및 비행(수평) * 회전부에 따라 틸트로터, 틸트제트, 틸트윙으로 구분
비행모드	회전익	고정익, 회전익, 천이비행	고정익, 회전익, 천이비행
특징	전진비행 저효율 제자리비행 고효율	전진비행 고효율 틸트형 대비 수직이착륙 용이	전진비행 저효율 제자리비행 저효율
기술수준	낮음	중간	높음
운항거리	도시 내 운항	도시 간 운항 가능	도시 간 운항 가능
개발 모델	Volocity, Ehang216	ALIA, Voloconnect, Cora	S4, Lillium Jet, Butterfly

24.4. 수직이착륙장(버티포트, Vertiport)

   (1) UAM의 이착륙을 위한 터미널로서 승객의 탑승과 기체의 정비 · 충전 · 소방 · 의료 등 UAM 운항에 필요한 서비스를 제공하는 시설을 의미한다.

(2) 수직이착륙장 유형

구분	비티허브	버티포트	버티스탑
개념	허브공항 개념	지역 터미널 개념	버스정류장 개념
규모	4개 이상의 이착륙장	1~3	1
시설	정비 · 충전 · 편의시설	충전 · 편의시설	수속 · 긴급충전
위치	주요공항, 도시 외곽/경계 지역	도심, 중소 도시 등	건물 옥상, 도심 외곽 등

25. 한국형 도심항공교통 운용 개념(K-UAM ConOps, '21.9)

25.1. 단계별 UAM 운용 형태

구분	초기(2025년~)	성장기(2030년~)	성숙기(2035년~)
기장운용	기내 탑승, 조종	원격조종(Remote) 도입	자율비행도입
교통관리체계	'UAM 교통관리서비스 제공자' 역할 단계적 확대, '항공교통관제사' 참여 단계적 축소		
교통관리 자동화 수준	자동화 도입	자동화 주도 및 인적 감시	완전자동화 주도
회랑운영방식	고정형 회랑	고정형 회랑망	동적 회랑망
항공통신망	상용이동통신(4G, 5G), 항공음성통신	상용이동통신(5G, 6G), 저궤도위성통신, 무인항공기용 데이터통신링크(C2 LINK) 등	
항법시스템	정밀위성항법	정밀위성항법+ 영상기반 상대항법	복합상대항법
버티포트 입지 및 형태	수도권 중심 버티포트	수도권 및 광역권 중심 버티포트	전국 확대

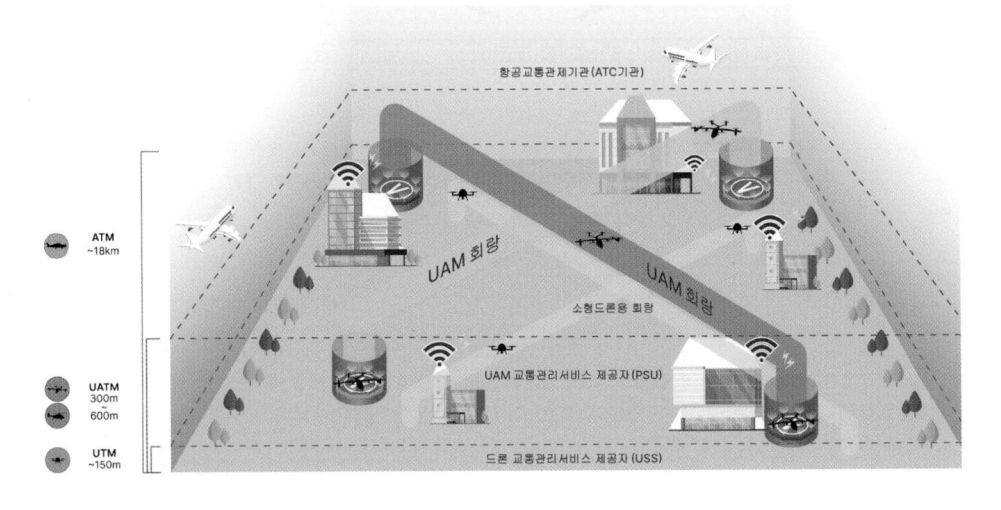

도심항공교통 실증 노선

26. UAM 실증 사업 계획

26.1. 국내 여건(도시·기상 등)에 적합한 UAM 운용 기준 마련을 위한 한국형 통합 실증사업으로 기체
· 운항 · 인프라 · 교통관리 등 통합시스템 차원에서 한국형 UAM 운용개념(K-UAM ConOps
1.0)을 단계적으로 실증한다.

   (1) 1단계(23년~25년) : 국가종합비행성능시험장(고흥)에서 사전 시험 및 통합운용 실증

   (2) 2단계(25년 ~) : 준도심, 도심에 준하는 항로(회랑)에서 시험비행 · 통합 실증

26.2. 2단계 실증사업 계획

   (1) 2단계 실증사업을 위한 노선은 아라뱃길, 한강, 탄천 등 3개 노선으로 구성되며, 각 노선은 고압선
   과 철탑 등 주요 장애물, 비행 제한 · 금지 구역, 건물 높이 정보, 비상상황 등을 고려한 노선이다.

   (2) 단계별 노선 현황

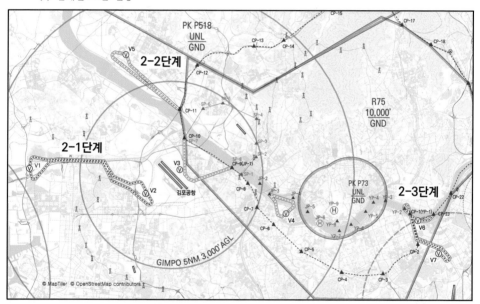

   (가) 2-1단계(아라뱃길 노선) : 인천 청라지구의 드론시험인증센터에서 인천계양 버티포트를 지
   나 부천시를 오가는 준도심 노선

   (나) 2-2단계(한강 노선) : 고양 킨텍스에서부터 원능수질복원센터, 김포공항 버티포트, 강서구,
   한강 상류, 여의도공원 헬기장을 잇는 노선

   (다) 2-3단계(탄천 노선) : 잠실대교와 잠실한강공원과 탄천, 수서역을 잇는 도심 노선

WP	경위도 좌표	WP	경위도 좌표
AR001	37°34'22.49"N 126°37'40.31"E	AR011	37°31'58.16"N 126°45'45.13"E
AR002	37°34'28.16"N 126°37'52.71"E	AR012	37°32'48.90"N 126°44'27.57"E
AR003	37°34'18.15"N 126°38'52.54"E	AR013	37°33'13.42"N 126°43'16.61"E
AR004	37°34'22.22"N 126°39'38.55"E	AR014	37°34'12.08"N 126°42'39.27"E
AR005	37°34'16.25"N 126°42'43.82"E	AR015	37°34'17.34"N 126°39'39.13"E
AR006	37°33'27.37"N 126°43'23.65"E	AR016	37°34'13.92"N 126°38'59.48"E
AR007	37°33'04.72"N 126°44'31.98"E	AR017	37°33'19.72"N 126°38'02.33"E
AR008	37°33'10.55"N 126°45'08.34"E	AR018	37°33'21.62"N 126°37'43.96"E
AR009	37°33'06.36"N 126°45'20.02"E	V1	드론시험 인증센터 버티포트
AR010	37°32'09.33"N 126°46'01.62"E	V2	계양 신도시 버티포트

44

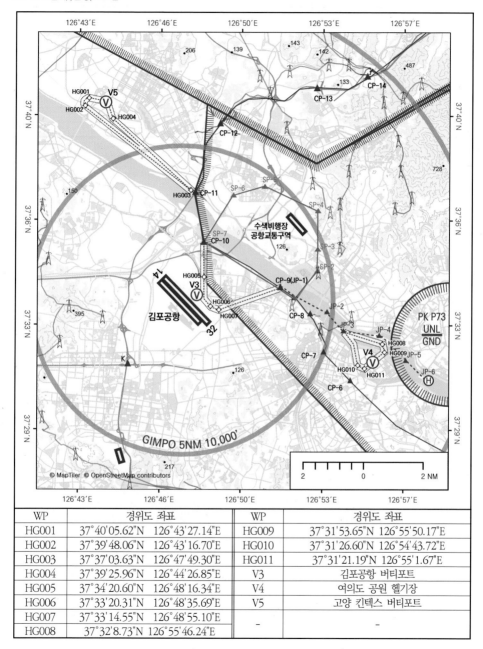

WP	경위도 좌표	WP	경위도 좌표
HG001	37°40'05.62"N 126°43'27.14"E	HG009	37°31'53.65"N 126°55'50.17"E
HG002	37°39'48.06"N 126°43'16.70"E	HG010	37°31'26.60"N 126°54'43.72"E
HG003	37°37'03.63"N 126°47'49.30"E	HG011	37°31'21.19"N 126°55'1.67"E
HG004	37°39'25.96"N 126°44'26.85"E	V3	김포공항 버티포트
HG005	37°34'20.60"N 126°48'16.34"E	V4	여의도 공원 헬기장
HG006	37°33'20.31"N 126°48'35.69"E	V5	고양 킨텍스 버티포트
HG007	37°33'14.55"N 126°48'55.10"E	–	–
HG008	37°32'8.73"N 126°55'46.24"E		

45

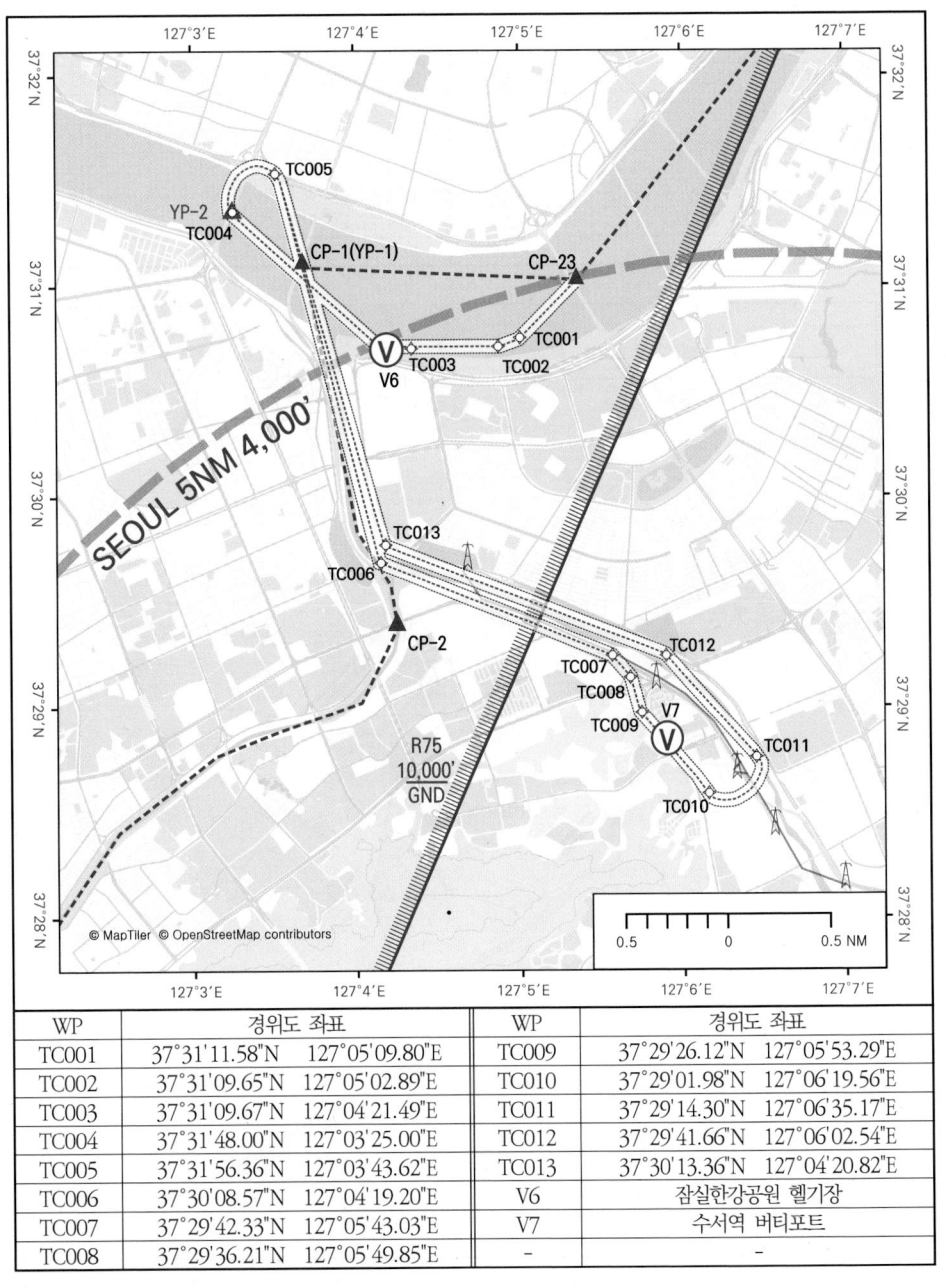

WP	경위도 좌표	WP	경위도 좌표
TC001	37°31'11.58"N 127°05'09.80"E	TC009	37°29'26.12"N 127°05'53.29"E
TC002	37°31'09.65"N 127°05'02.89"E	TC010	37°29'01.98"N 127°06'19.56"E
TC003	37°31'09.67"N 127°04'21.49"E	TC011	37°29'14.30"N 127°06'35.17"E
TC004	37°31'48.00"N 127°03'25.00"E	TC012	37°29'41.66"N 127°06'02.54"E
TC005	37°31'56.36"N 127°03'43.62"E	TC013	37°30'13.36"N 127°04'20.82"E
TC006	37°30'08.57"N 127°04'19.20"E	V6	잠실한강공원 헬기장
TC007	37°29'42.33"N 127°05'43.03"E	V7	수서역 버티포트
TC008	37°29'36.21"N 127°05'49.85"E	–	

◆ 제2장 ◆
헬기장 시계비행 절차

헬리콥터 · UAM 조종사를 위한 시계비행절차서

RKNH	ASI	강릉관리소
산림청		VFR

SANHANG GANGNEUNG	GANGNEUNG TWR	GANGNEUNG APP
122.0	126.2 236.6 238.0	124.6 304.0

HELIPAD ELEV	Watch Man	GANGNEUNG GND	RKNN RWY
11ft/3.5m	125.3	126.2	08-26

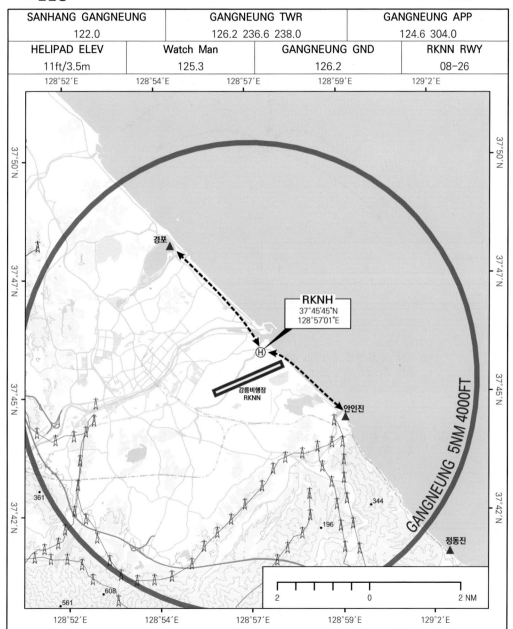

© MapTiler © OpenStreetMap contributors

헬기장 정보

위치 좌표	37°45'43.16"N 128°57'1.38"E	주소지	강원 강릉시 남항진동 공항길 142-10
헬기장 표고	11ft/3.5m	전화번호	033-650-2002
편차(VAR)	9° W	관제서비스	VFR

헬기장 운용 및 지원

PPR	입항 전 24시간 전	연료	JET A-1
운용시간	월 - 일(0000-0900Z)		

입출항 절차

입항	• 강릉비행장 관제권 내에 위치하여 입출항 시 강릉 TWR 교신 철저 • 관리소 입항 2마일 전 관리소와 무전교신 철저 • 동쪽 : 해경 항공기 미계류 시 입항 • 남쪽 : 해경 항공기 계류 시 계류장과 군견 훈련소 사이 솔밭 상공으로 입항 • 남서쪽 : 규사공장 상공 100미터 유지 후 솔밭 상공에서 고도 강하 입항 (입항 시만 사용) • 북쪽 항로 사용 금지
출항	• 동쪽 : 해경 항공기 미계류 시 출항 • 남쪽 : 해경 항공기 계류 시 계류장과 군견 훈련소 사이 솔밭 상공으로 출항 • 서쪽 : 규사공장과 민가 사이 솔밭 상공 200피트 이상으로 출항 (출항 시만 사용)

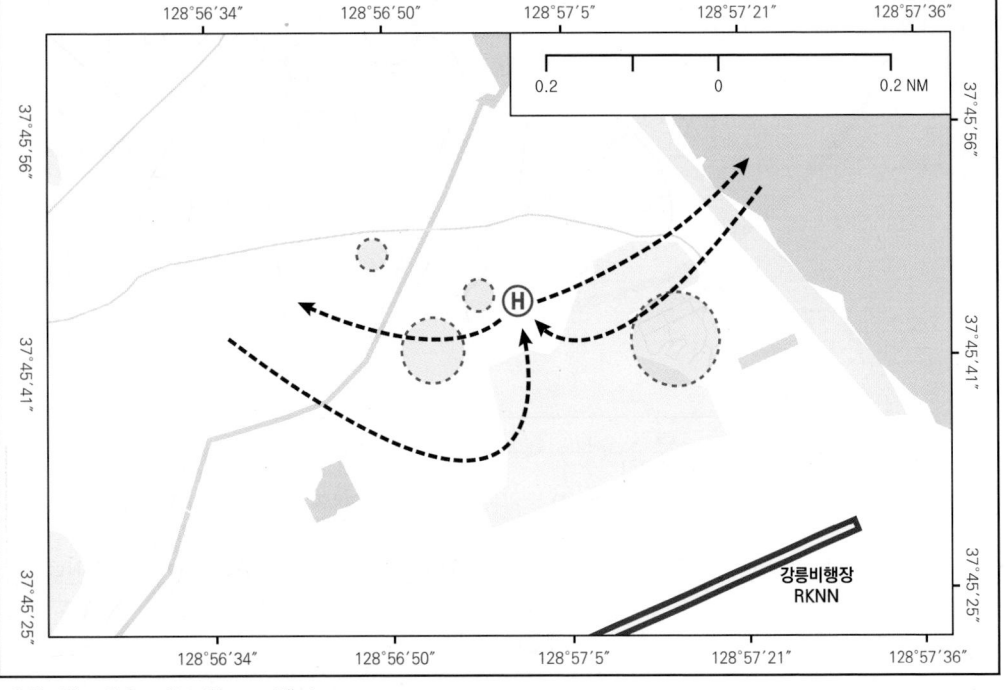

헬기장 현황			
규격(m)	표면	운용기종	비고
120 × 60	CON	S-64, KA-32	

주의 및 참고 사항

• 강릉 비행장 Checkpoint 정보

지점	위치명	경위도 좌표	고도
West Point	강원 VORTAC	37°40'22.07"N 12°42'29.26"E	4000'
경포가리바위	경포가리바위	37°41'32.23"N 12°47'25.16"E	1000'
South Point	옥계 동쪽 2.5NM	37°38'26.99"N 12°45'31.49"E	1500'
Over Station	RWY 동쪽 끝	37°43'31.62"N 12°46'01.60"E	

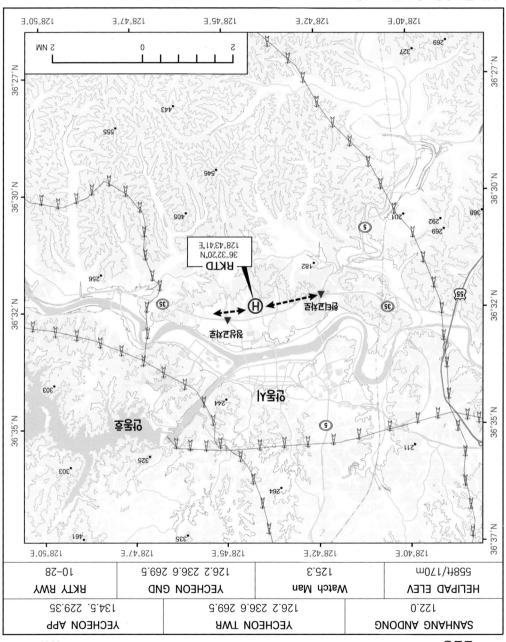

RKTD
사합안동

❖ ASI
VFR

인동공간소

SANHANG ANDONG	YECHEON TWR	YECHEON APP
122.0	126.2 236.6 269.5 134.5, 229.35	

HELIPAD ELEV	Watch Man	YECHEON GND	RKTY RWY
558ft/170m	125.3	126.2 236.6 269.5	10-28

RKTD
36°32'20"N
128°43'41"E

헬기장 정보

위치 좌표	36°32'22.15"N 128°43'40.80"E	주소지	경북 안동시 바람이길 215
헬기장 표고	558ft/170m	전화번호	054-840-3502, 3508(야간, 휴일)
편차(VAR)	9° W	관제서비스	VFR

헬기장 운용 및 지원

PPR	입항 전 24시간 전	연료	JET A-1
운용시간	월 – 일(0000-0900Z)		

입출항 절차

입항	• 동쪽 : 동쪽에서 풍향계 상공으로 진입 • 접근시 착륙 10분 전에 최초교신 • 관리소 서쪽 축사, 북쪽 아파트 상공 비행금지 • 동쪽에서 진입 시 경작지 상공 회피 및 깊은각으로 접근 (낮은각 접근시 경작지 농작물 훼손 및 FOD 유발)
출항	• 서쪽 : 1번 PAD에서만 이륙 • 동쪽 : 풍향계 상공으로 이륙

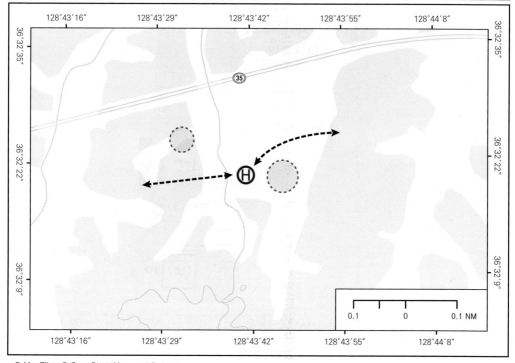

헬기장 현황			
규격(m)	표면	운용기종	비 고
90 × 40	CON	S-64, KA-32	

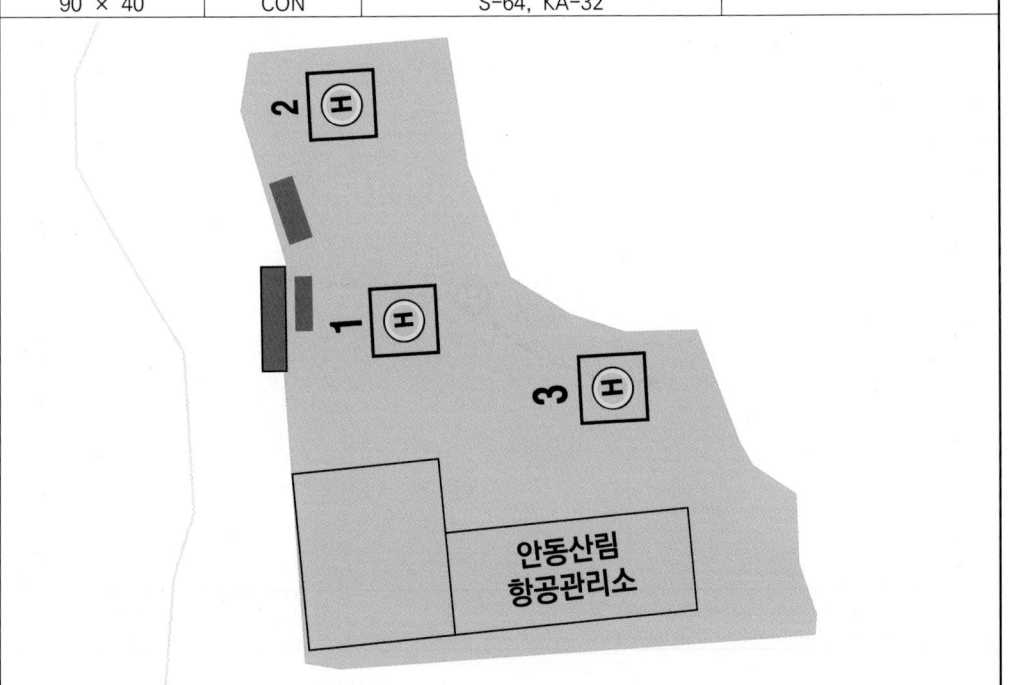

주의 및 참고 사항

- 중형헬기는 풍향 고려 이·착륙 및 1, 2번 PAD 모두 운용 가능
- 필요시 PAD간 이동은 Hover 및 Ground Taxi 가능

SANHANG YANGSAN	ULSAN TWR		POHANG APP
122.0	118.75 236.6 225.55		124.25 120.2 232.4
HELIPAD ELEV	Watch Man	ULSAN GND	RKPU RWY
420ft/137.4m	125.3	121.75	18-36

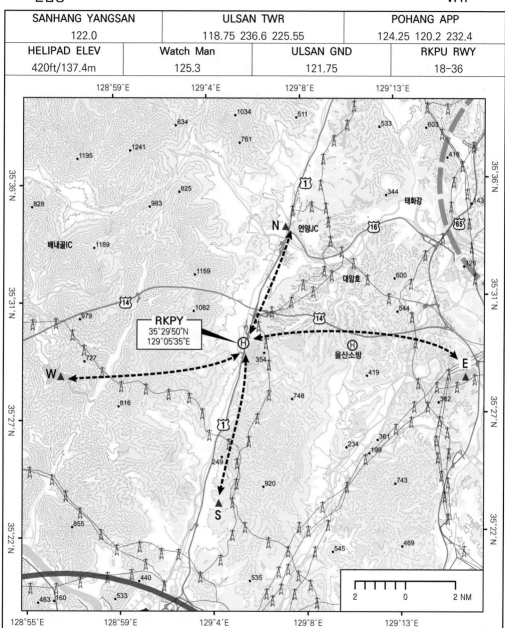

헬기장 정보			
위치 좌표	35°29'46.49"N 129°05'35.80"E	주소지	경남 양산시 삼동로 24
헬기장 표고	137.4m/ 420ft	전화번호	055-380-3900
편차(VAR)	9° W	관제서비스	VFR

헬기장 운용 및 지원			
PPR	입항 전 24시간 전	연료	JET A-1
운용시간	월 - 일(0000-0900Z)		

입출항 절차	
입항	• 접근시 착륙 10분전 '산항 양산' 최초 무선 교신 • 남쪽 : 고속도로 우측 LPG 충전소 상공을 경유하여 접근 → 월평저수지 남단 제방 우측상공 　　　 70m AGL 고도로 통과(대형, 초대형 헬기) → 깊은각으로 Main PAD로 접근 • 북동쪽 : 고속도로를 따라 계류장 남단 월평저수지 북단까지 접근(최소 AGL 100m AGL 유지) 　　　 → 대나무 밭 상공 경유 → Main PAD로 접근/착륙(고속도로 동쪽 현대차 출고장 상공 　　　 침범 금지) 풍향에 따라 남쪽 또는 북동쪽 Route 사용
출항	• 남쪽(180°) : 월평저수지 남단 제방 상공(최소 50m 이상 통과) → LPG 충전소 상공에서 　　　 300m AGL 이상으로 통과 → 목적지 방향으로 비행 • 북동쪽(060°) : 제한지 이륙 → 고속도로 상공(최소 70m 이상) 통과 → 고속도로를 따라 북쪽 철탑 　　　 (약 1.8Km 지점)까지 직진 상승 (최소 300m AGL) → 목적지 방향으로 비행

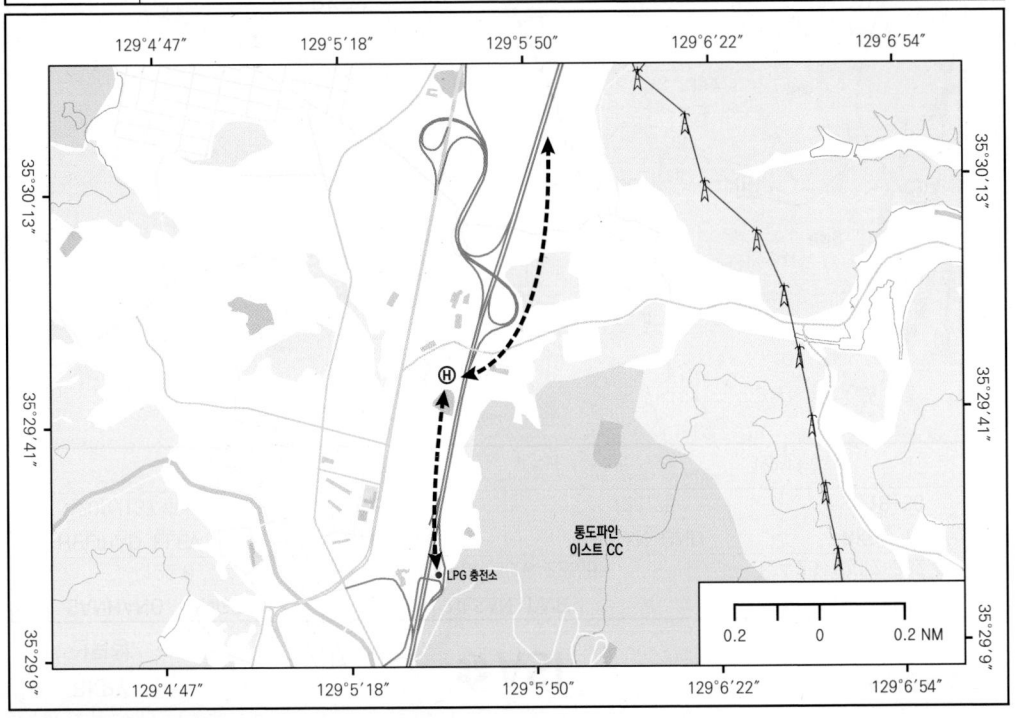

헬기장 현황			
규격(m)	표면	운용기종	비 고
100 × 40	CON	KA-32, Bell-206	

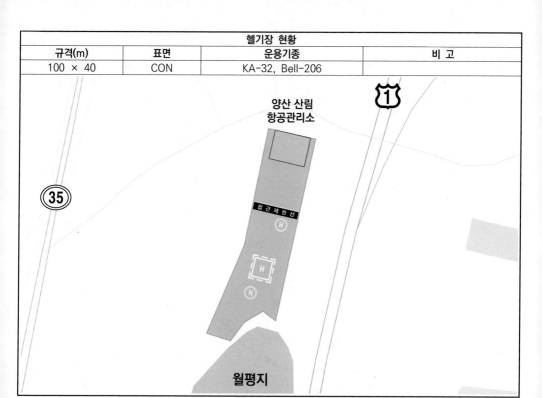

주의 및 참고 사항

- 북쪽방향에 격납고, 정비고/차고에 인접한 비행 금지
- 동쪽 현대자동차 출고지 및 경부고속도로와 계류장 사이 이/착륙 간 FOD 주의
- 민가지역 상공비행시 1,000ft AGL 이상 유지
- 고속도로 상공통과 시 최소제한고도 유지
- 계류장 접근제한선(주황색) 이내 착륙/접근 금지
- 골프장(통도CC, 보라CC) 상공 회피
- HELIPAD 3개

© MapTiler © OpenStreetMap contributors

RKJA
사진영
공인공기도

ASI

VFR

SANHANG YOENGAM	Watch Man	MOKPO GND	RKJM RWY
122.0	125.3	134.4 133.35	06-24
HELIPAD ELEV			
121ft/37m			

GWANGJU APP	MOKPO TWR
124.475 130.0 228.9 319.2	134.4 133.35 235.1 252.1

RKJA
34°49′43″N
126°42′07″E

2 NM 0 2

126°37′E 126°39′E 126°42′E 126°44′E 126°47′E

34°45′N 34°48′N 34°50′N 34°53′N

헬기장 정보

위치 좌표	34°49'43.11"N 126°42'8.71"E	주소지	전남 영암군 덕진면 소방항공대길 95
헬기장 표고	121ft / 37m	전화번호	061-470-5002
편차(VAR)	8° W	관제서비스	VFR

헬기장 운용 및 지원

PPR	입항 전 24시간 전	연료	JET A-1
운용시간	월 – 일(0000-0900Z)		

입출항 절차

입항	• 남쪽 및 동쪽 : 백용산 및 활성산 방향에서 진출입 • 접근 시 착륙 10분 전에 최초교신, 능선을 따라 140° – 170° (남동쪽) 방향으로 진입
출항	• 남쪽 및 동쪽 : 백용산 및 활성산 방향에서 진출입 • 능선을 따라 320° – 330° (북서쪽) 이륙 후 이탈

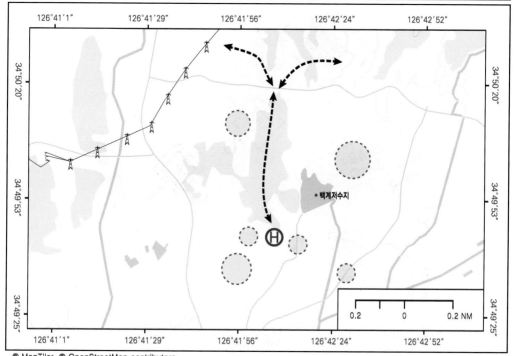

© MapTiler © OpenStreetMap contributors

헬기장 현황			
규격(m)	표면	운용기종	비 고
80 × 45	CON	S-64, KA-32	

주의 및 참고 사항

- 북쪽이나 서쪽 진입 시 고압선 주의
- 이/착륙 시 수목 및 방벽 주위
- 계류장 북쪽 유류 저장소 상공 회피· 동시 착륙가능
- 계류장 남서쪽 및 북동쪽 축사 상공 비행금지
- 전남소방항공대 헬기 유무 확인 및 안전고도/거리 유지

SANHANG ULJIN	ULJIN TWR	ULJIN ARR
122.0	118.55 317.45	120.875 317.65
HELIPAD ELEV	Watch Man	ULJIN GND	RKTL RWY
167ft/51m	125.3	121.775 317.45	17-35

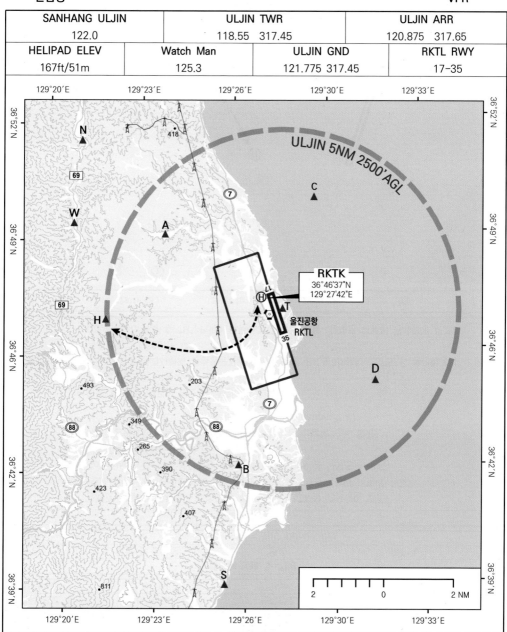

헬기장 정보

위치 좌표	36°47'04.46"N 129°27'13.55"E	주소지	경북 울진군 기성면 기성로 502
헬기장 표고	167ft/51m	전화번호	054-789-0306(KAC), 7027(울진산항)
편차(VAR)	9° W	관제서비스	VFR

헬기장 운용 및 지원

PPR	입항 전 24시간 전	연료	JET A-1
운용시간	월 - 일(0000-0900Z)		

입출항 절차

입항	• 관제권 진입 전 관제탑과 최초교신 후 반드시 보고지점 경유하여 입항 　(보고지점 : "H" Point N36°46´34"E129°21´39", 기성면 이평리 계곡) • Downwind 접근 시 울진공항 훈련항공기와 500ft이상 고도분리 유지 　(조종교육 훈련항공기 장주고도 :1,500ft) • 020° 방향으로 입항 (공항 장주여건에 따라 직접 진입할 수도 있음) • 착륙전 관제탑에 보고 (종료 헬기는 반드시 Termination 보고)
출항	• 이륙 전 울진 관제탑 보고 및 공항정보 획득 • 200° 방향으로 이륙 • Downwind 통과시까지 훈련항공기와 500ft 이상 고도분리 유지 (조종교육 훈련항공기 　장주고도 : 1,500ft) • Downwind 통과 후 "H" Point 경유하여 관제권 이탈 (관제권 이탈전 관제탑에 보고)

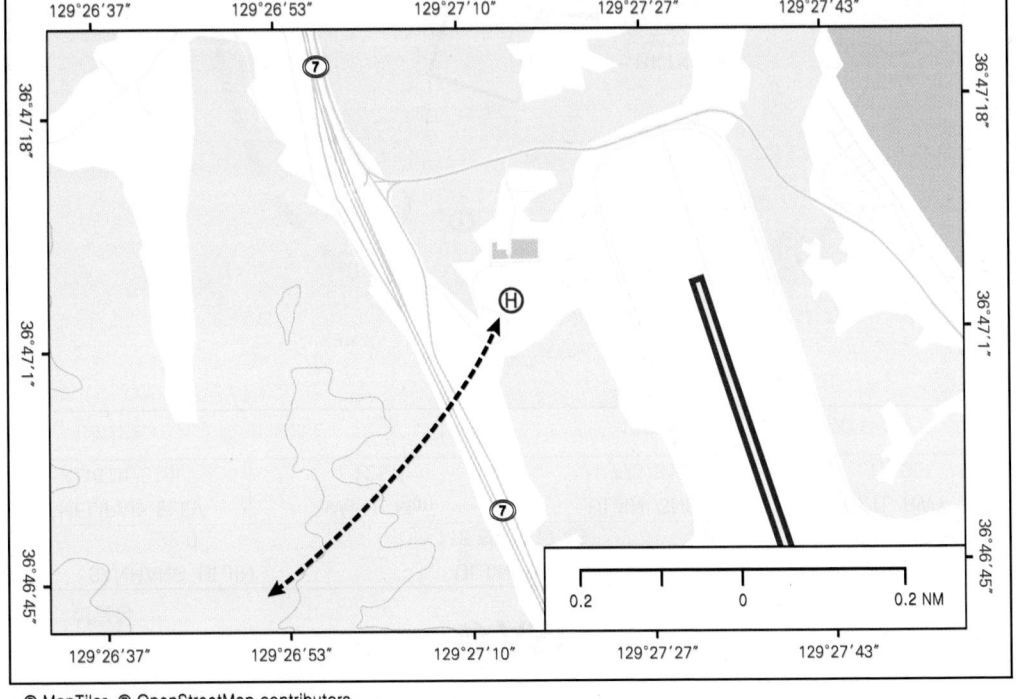

© MapTiler © OpenStreetMap contributors

헬기장 현황			
규격(m)	표면	운용기종	비 고
80 × 45	CON	S-64, KA-32	

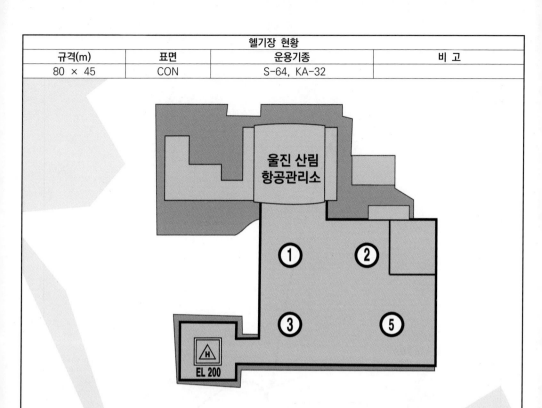

주의 및 참고 사항

- 울진공항은 Class D급 공항이며 조종교육 고정익 항공기가 매일 4-6대 비행으로 장주 번잡
- 공항 관제탑에는 부산지방항공청 울진공항 출장소 관제사가 담당
- 울진공항 Checkpoint 정보

지점	위치명	경위도 좌표	비고
A	방율리	36°48'53.56"N 129°23'49.20"E	R316 UJN/D3.7 2000'
B	학곡리 철도터널	36°42'25.28"N 129°26'14.09"E	R202 UJN/D4.3 2000'
C	사동리	36°49'49.96"N 129°29'05.39"E	R030 UJN/D3.5 2000'
D	월송정	36°44'43.33"N 129°31'08.23"E	R130 UJN/D3.5 2000'
H	이평리	36°46'34.00"N 129°21'39.00"E	R270 UJN/D4.7
N	갈면교	36°51'32.75"N 129°20'57.74"E	R322 UJN/D7.2 2500'
S	무리골 진입로	36°39'06.07"N 129°25'40.78"E	R200 UJN/D7.6 2500'
T	비행장등대	36°46'44.67"N 129°27'54.87"E	R075 UJN/D0.4 7500'
W	길곡리	36°49'15.70"N 129°20'36.40"E	R304 UJN/D6.1 2500'

1 NM   0   1

127°54'E   127°51'E   127°49'E   127°46'E   127°44'E

37°18'N
37°20'N
37°23'N
37°26'N
37°28'N

S
W
N

H
RKNK
37°24'35"N
127°47'57"E

WONJU 5NM 5,000' AGL

문막 JC
서원주 IC
동원주 IC

55
52
52

317 443 328 260 410 382 414 343
206 401 363 130
324 255 427 546 273
218 333 386
317 299 259 261
184 227
401
481 409 267
537

RKNK	Watch Man	WONJU GND	RKNW RWY
시각장	125.3	275.8	03-21
	HELIPAD ELEV		
	560ft/170.7m		

WONJU APP	WONJU TWR	SANHANG WONJU
130.2 255.0	126.2 118.325 236.6 265.5	122.0

공항 시각안내도   ASI   VFR

RKNK

헬기장 정보

위치 좌표	37°24'34.38"N 127°47'56.25"E	주소지	강원도 원주시 지정면 구재로 229
헬기장 표고	560ft/170.7m	전화번호	033-769-6024,6033
편차(VAR)	8° W	관제서비스	VFR

헬기장 운용 및 지원

PPR	입항 전 24시간 전	연료	JET A-1
운용시간	월 - 일(0000-0900Z)		

입출항 절차

입항	• 원주 비행장 10NM 진입전 원주 TWR 교신 후 본부관제실과 교신 철저 • 북쪽 : 북쪽항로 (메인패드사용) • 남쪽 : 남쪽 예비항로 (중앙패드사용) • 본부 착륙장 인근 민원발생 지역회피 　※ 양평 공원묘지(북서쪽1.5Km), 축사(서쪽1.5Km), 민가 밀집지역(남쪽600m), 오크밸리리조트 　(남동/동쪽500m)
출항	• 북쪽 : 북쪽항로 (메인패드사용) • 남쪽 : 남쪽 예비항로 (중앙패드사용) ① 긴급임무 출동 시 ② 이/착륙 간 최소 비행안전 요건 확보 　- 접근 시 풍향 315°~045°(북풍 계열), 풍속 5m/s 이상 시 　- 이륙 시 풍향 135°~225°(남풍 계열), 풍속 5m/s 이상 시

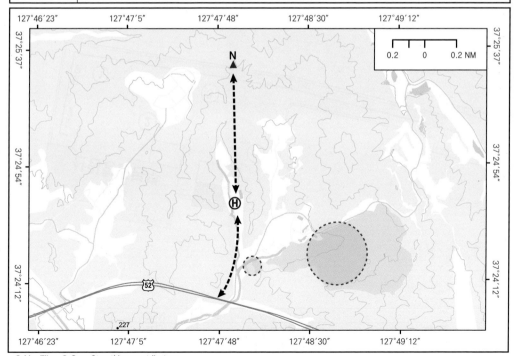

© MapTiler © OpenStreetMap contributors

© MapTiler © OpenStreetMap contributors

추의 및 참고 사항

• R-17(여주), R-114(비행)사격장 NOTAM 확인

• 신고공역운영 참고지점

지점	위치명	장애물 좌표	비고
N	수락산	37°25'31.91"N 127°47'54.65"E	북쪽 관심지
W	양평역	37°25'45.18"N 127°45'16.43"E	서쪽 관심지
S	곤지암	37°18'48.22"N 127°49'31.99"E	남쪽 관심지

• 운영공역 참고지점

지점	위치명	장애물 좌표	고도	비고
C	지월대교	37°21'44.60"N 127°49'57.30"E		244R 7.5NM
D	운곡중학교	37°32'41.60"N 127°57'71.90"E		008R 6.5NM
E	(no name)	37°29'34.87"N 128°02'22.51"E	1500'	053R 5.2NM
F	(no name)	37°25'56.79"N 128°00'59.85"E	1500'	097R 2.6NM
G	(no name)	37°23'13.32"N 127°58'35.59"E	1500'	174R 2.8NM

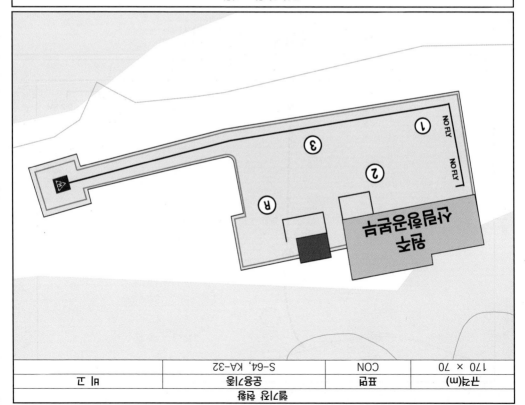

필기고사 참고

규격(m)	표판		비고
170 × 70	CON	S-64, KA-32	
		공중기동	

RKJI
산림청

⬡ASI

익산관리소
VFR

SANHANG IKSAN	JEONJU TWR		GUNSAN APP
122.0	120.20 346.675		124.1 292.65

HELIPAD ELEV	Watch Man		RKJU RWY
164ft/50m	125.3	–	14-32

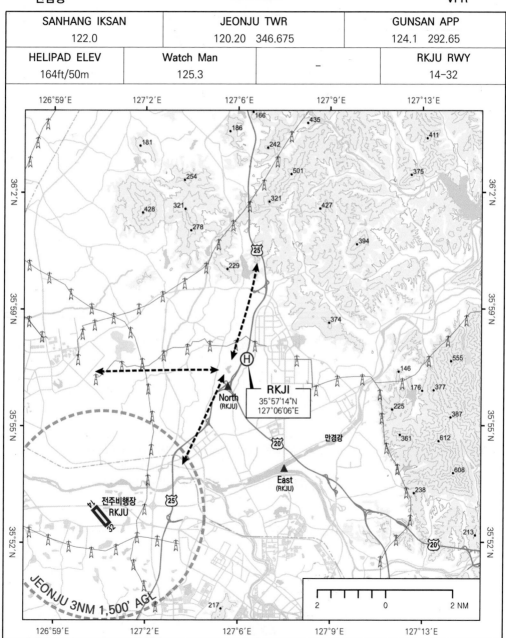

© MapTiler © OpenStreetMap contributors

헬기장 정보

위치 좌표	35°57'14.69"N 127°06'5.96"E	주소지	전북 익산시 왕궁면 우주로 433-9
헬기장 표고	164ft/50m	전화번호	063-260-4501
편차(VAR)	8° W	관제서비스	VFR

헬기장 운용 및 지원

PPR	입항 전 24시간 전	연료	JET A-1
운용시간	월 - 일(0000-0900Z)		

입출항 절차

입항	• 전주(G-703)비행장 관제권 교신 및 우회비행, 경계철저 • 착륙 10분 전 최초교신 • 저수지(앵금제) 상공 경유 120° ~ 130° 방향으로 진입
출항	• 민원 지역 회피 남서 방향 이륙 후 저수지(앵금제) 상공 경유 이탈

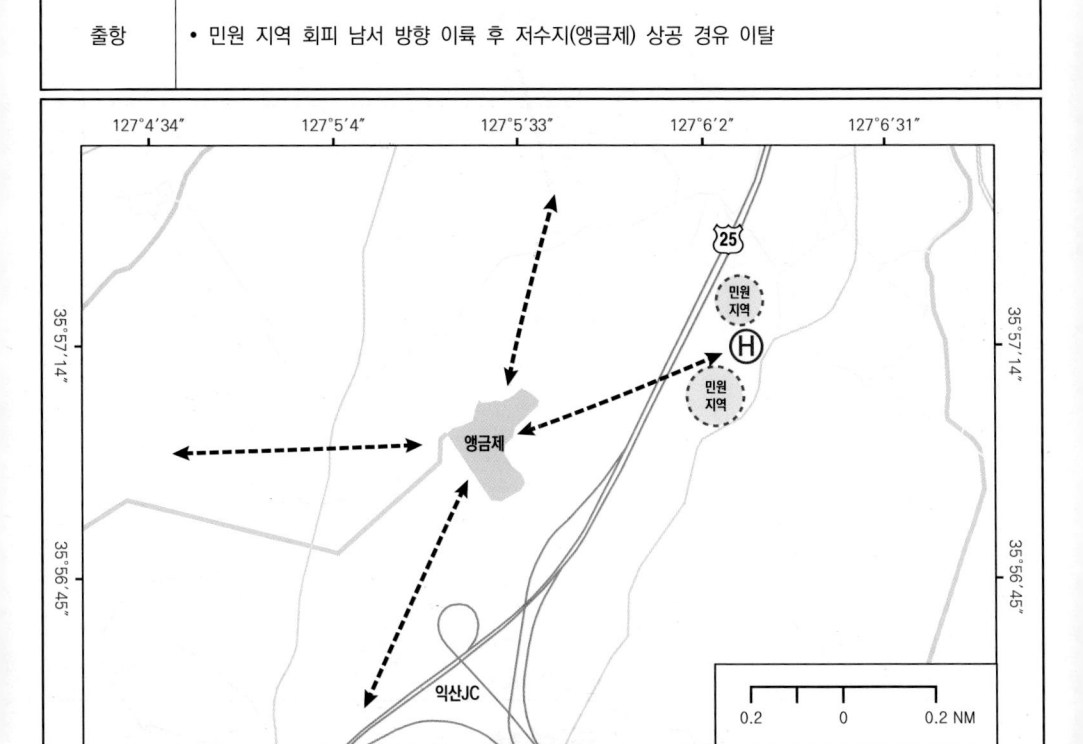

© MapTiler © OpenStreetMap contributors

헬기장 현황			
규격(m)	표면	운용기종	비 고
130 × 90	CON	S-64, KA-32	

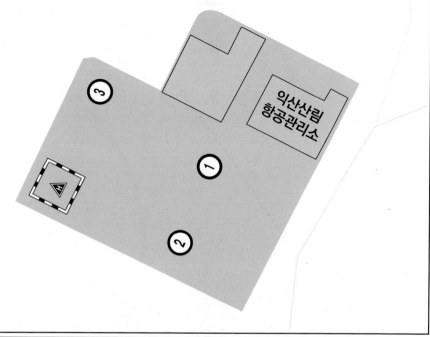

주의 및 참고 사항				

- 진입방향 우측 과수원 상공 접근 및 저공비행 금지
- 송유관 사업소 상공 비행금지
- 전주비행장 보고지점

지점	위치명	경위도 좌표	고도	비고
North	익산 JC	35°56'37.57"N 127°05'19.05"E	1500'	
East	화천대교	35°54'08.29"N 127°07'30.58"E	1500'	
South	김제 IC	35°46'44.57"N 127°00'14.16"E	1500'	
West	목천대교	35°54'42.40"N 126°55'57.38"E	1500'	
Gimje	김제 CC	35°49'53.10"N 126°55'00.64"E	1500'	

© MapTiler © OpenStreetMap contributors

RKPF — 33°25′52″N 127°27′08″E

JEJU 10NM 1000ft–10000ft AGL

JEJU 5NM 3000ft AGL

SANHANG JEJU	JEJU TWR	Watch Man	HELIPAD ELEV
122.0	118.55 118.2 236.6	125.3	1860ft/569m
JEJU APP	JEJU TWR	JEJU GND	RKPC RWY
121.2 124.05 120.425 317.7	118.55 118.2 236.6	121.675	07-25 13-31

RKPF
산항공
VFR
제주관지도

헬기장 정보

위치 좌표	33°25'54.74"N 126°35'43.76"E	주소지	제주시 516로 2596-20
헬기장 표고	1860ft/569m	전화번호	064-717-3711(운항팀)
편차(VAR)	8° W	관제서비스	VFR

헬기장 운용 및 지원

PPR	입항 전 24시간 전	연료	JET A-1
운용시간	월 – 일(0000-0900Z)		

입출항 절차

입항	• 제주비행장 20NM 진입 전 APP CON(121.2, 124.05) 교신 • RKPC "EB" 경유 제주 관제실 착륙보고 후 "N" 포인트 경유하여 진입 • 서쪽/북서쪽 : "W" → "N" • 동쪽/북동쪽 : RKPC "EB" → "N" • PAD 접근방법 : 깊은각 접근 • PAD 상공에서 견인 및 급유를 위해 항공기 헤딩을 동쪽으로 변경 • 관리소 착륙장 인근 민원 발생지역 회피
출항	• 서쪽/북서쪽 : "N" → "W" • 동쪽/북동쪽 : "N" → RKPC "EB"

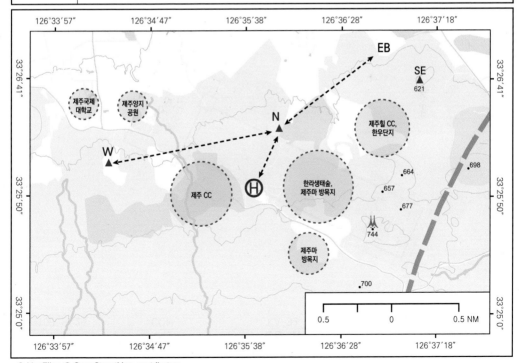

© MapTiler © OpenStreetMap contributors

헬기장 현황			
규격(m)	표면	운용기종	비 고
100 × 25	CON	KA-32	

주의 및 참고 사항

- 제주 산림항공대 보고지점

구분	지점	위치명	경위도 좌표
산림 항공대	W	삼청궁 국제도가 문화연수원	33°26'05.63"N 126°34'25.53"E
	N	목장 방풍림 끝단	33°26'10.10"N 126°35'52.18"E
제주공항	NW	화도	33°43'46.21"N 126°21'26.66"E
	NE	제주항앞바다	33°37'26.44"N 126°33'27.91"E
	T	공항앞바다	33°33'22.36"N 126°27'38.46"E
	WA	애월항	33°28'10.69"N 126°18'49.08"E
	WB	비양도	33°24'35.47"N 126°13'38.08"E
	WC	차귀도	33°18'45.35"N 126°09'02.99"E
	EA	삼양검은모래해변 앞바다	33°33'36.94"N 126°35'09.82"E
	EB	다려도	33°33'29.60"N 126°41'46.39"E
	EC	난도	33°31'27.35"N 126°54'09.97"E
	S	민오름	33°28'33.20"N 126°30'22.55"E
	SE	거친오름	33°26'40.20"N 126°37'10.15"E
	SW	큰바리메오름	33°22'37.61"N 126°23'16.90"E

⬢ ASI

SANHANG JINCHEON	CHEONGJU TWR		JUNGWON APP
122.0	118.7	126.2	134.00
HELIPAD ELEV	Watch Man	CHEONGJU GND	RKTU RWY
525ft/160m	125.3	121.875	06(L/R)-24(R/L)

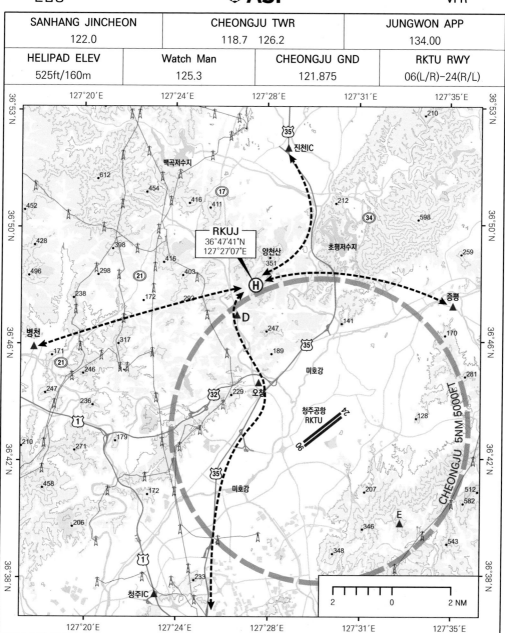

비행장 정보			
위치 좌표	36°47'38.61"N 127°27'08.51"E	주소지	충북 진천군 문백면 파재로 184-37
헬기장 표고	525ft/160m	전화번호	043-530-7802
편차(VAR)	8° W	관제서비스	VFR

비행장 운용 및 지원			
PPR	입항 전 24시간 전	연료	JET A-1
운용시간	월 - 일(0000-0900Z)		

입출항 절차	
입항	• 청주공항 관제권 근접 위치로 접근 시 청주공항 10마일 전 청주 TWR와 교신 철저 • 진천관리소 입항 전 "산항 진천" 교신 철저 • 청주공항 입/출항 및 진천관리소 입/출항절차 준수 • 최초보고지점 : 진천, 증평, 남이분기점, 병천 • 북쪽 : 진천 → 중부고속도로(농다리) → 관리소 진입 • 동쪽 : 증평 → 양천산 남쪽 → 관리소 진입 • 남쪽 : 남이분기점(1000ft이하) → 오창 → 관리소 진입 • 서쪽 : 병천 → 옥성저수지 → 관리소 진입
출항	• 이탈 시 진입항로 역순, 이륙 후 즉시 청주기지 이륙보고

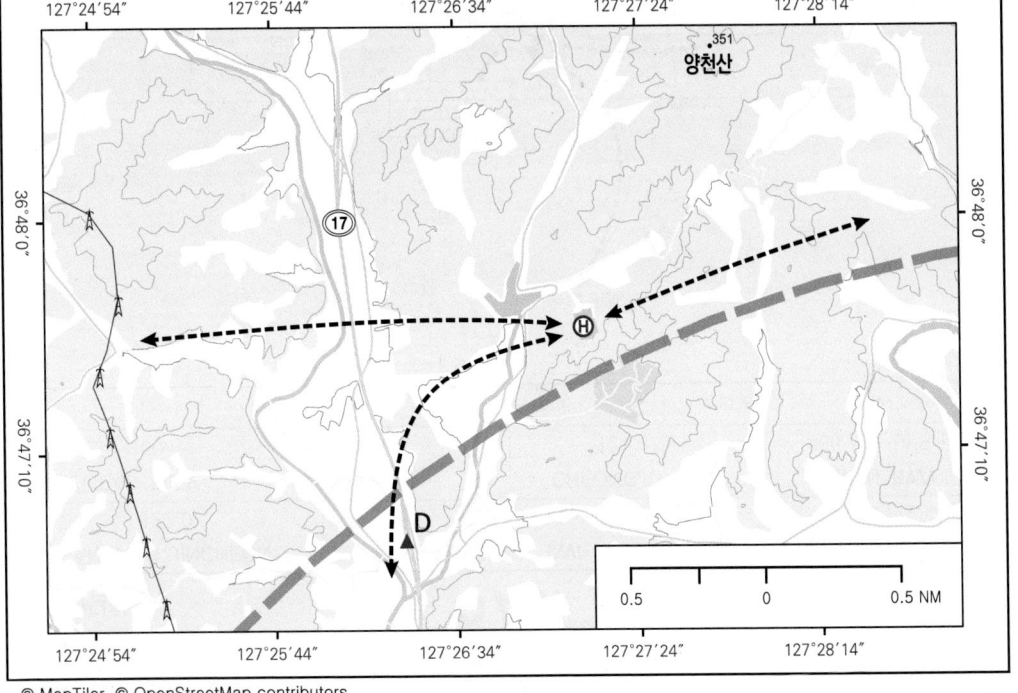

© MapTiler © OpenStreetMap contributors

헬기장 현황			
규격(m)	표면	운용기종	비 고
150 × 120	CON	S-64, KA-32	

주의 및 참고 사항

- R-139 공역통제 (평시:0.7 NM, 훈련시:1.5 NM) : 진천관리소 북서쪽 7km 진천포대
- 17번 국도 청주공항 입/출항 헬기 VFR 북쪽 항로 경계철저
- 청주공항 보고지점

지점	위치명	경위도 좌표	비고
진천 IC	진천 IC	37°40'22.07"N 126°42'29.26"E	중부고속도로(35번)
병천	병천면	37°41'32.23"N 126°47'25.16"E	
오창	오창 사거리	37°38'26.99"N 126°45'31.49"E	
C	청주 IC	37°43'31.62"N 126°46'01.60"E	경부고속도로(1번)
E	삼산리 야산	37°40'16.79"N 126°48'11.99"E	삼산리 산115-1
O	골프존카운티 CC	36°48'51.40"N 127°24'04.68"E	
미원	미원리 삼거리	37°33'29.00"N 126°52'09.00"E	
증평	증평중학교	37°34'31.00"N 126°53'09.00"E	
증평 IC	증평 IC	37°35'13.00"N 126°53'15.00"E	

© MapTiler © OpenStreetMap contributors

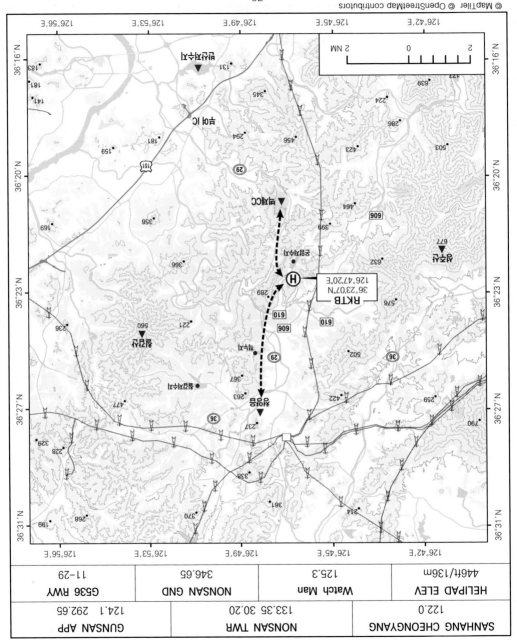

SANHANG CHEONGYANG	NONSAN TWR	GUNSAN APP
122.0	133.35 30.20	124.1 292.65
HELIPAD ELEV	Watch Man	NONSAN GND	G536 RWY
446ft/136m	125.3	346.65	11-29

RKTB
삼량청량

ASI

VFR
공항지도

비행장 정보

위치 좌표	36°23'07.50"N 126°47'19.17"E	주소지	충남 청양군 남양면 돌보길 228
헬기장 표고	446ft / 136m	전화번호	041-940-5106
편차(VAR)	8° W	관제서비스	VFR

비행장 운용 및 지원

PPR	입항 전 24시간 전	연료	JET A-1
운용시간	월 – 일(0000-0900Z)		

입출항 절차

입항	<ul><li>최초 보고지점 상공에서 '산항 청양'과 최초 교신</li><li>최초 보고지점에서 위치 및 의도 통보, 착륙 정보 획득</li><li>남쪽/서쪽 : 남쪽 경로(030° 방향) 이용</li><li>– 백제 CC 상공에서 29번 국도와 운암저수지 사이 능선을 따라 비행</li><li>– 운암저수지 우측 능선 상공에서 관리소 확인 후 310° 방향으로 접근하여 착륙</li><li>북쪽/동쪽 : 북동방향 경로(210° 방향) 이용</li><li>– 적루저수지 상공통과 후 29번 국도를 따라 비행</li><li>– 29번 국도와 610번 지방도가 만나는 교차점에서 능선 우측을 따라 비행</li><li>– 관리소 확인 후 310° 방향으로 접근하여 착륙</li></ul>
출항	<ul><li>계류장에서 황색 Taxiway를 따라 지상활주 후 이륙하여 입항과 동일한 항로로 이탈</li></ul>

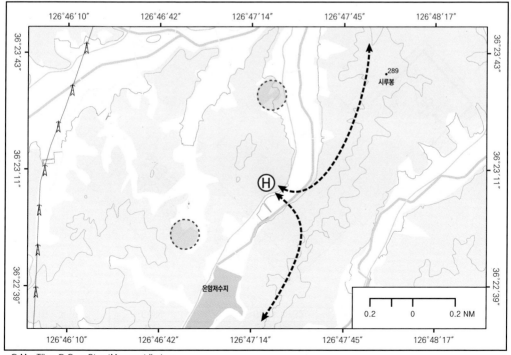

헬기장 현황

규격(m)	표면	운용기종	비 고
115 × 60	CON	S-64, KA-32	

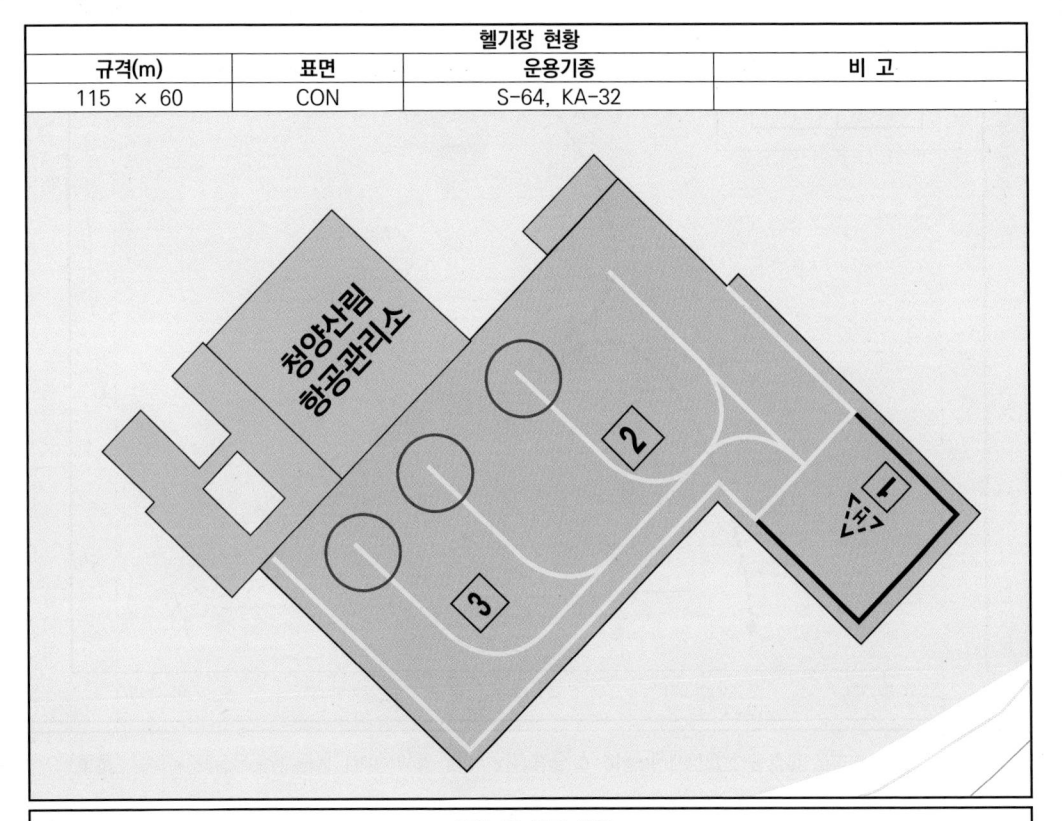

주의 및 참고 사항

- 청양 산림 항공대 보고지점

지점	위치명	경위도 좌표	비고
청양	청양	36°27'16.98"N 126°48'20.12"E	
반산 저수지	반산 저수지	36°16'29.46"N 126°50'38.59"E	
칠갑산	칠갑산	36°24'50.03"N 126°52'58.51"E	
성주산	성주산	36°21'57.00"N 126°40'48.82"E	

- 주의사항
  - 주변축사(용두리, 매곡리)가 인접하고 있어 이/착륙 및 상공통과 시 민원이 발생치 않도록 각별한 주의가 요망됨
  - 계류장 내 항공기는 3대 계류 가능, 타 관리소 항공기 입/출항 및 항공기 계류 시 운항·관제실로 사전 협조
  - 북풍·남풍이 강하게 발생되는 지역으로 중형헬기는 바람 방향에 따라 이착륙 방향을 변경할 수 있음
  - 사주경계를 실시하고 계류 항공기에 미치는 영향을 고려하여 안전하게 Taxiway를 따라 이동
  - 계류패드는 건물과 근접하므로 패드 접근시 철저한 사주경계 실시

RKPA
산림청

함양관리소
VFR

SANHANG HAMYANG	SACHEON TWR	SACHEON APP
122.0	118.675 236.6	135.4 344.7

HELIPAD ELEV	Watch Man	SACHEON GND	RKPS RWY
653ft/199m	125.3	118.675 275.8	06(L/R)−24(R/L)

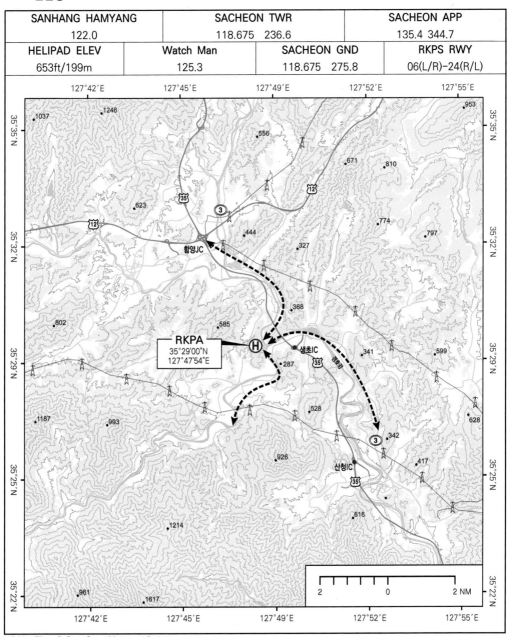

헬기장 정보

위치 좌표	35°29'00"N 127°47'54"E	주소지	경남 함양군 유림면 천왕봉로 3076
헬기장 표고	653ft/199m	전화번호	055-960-2800
편차(VAR)	8° W	관제서비스	VFR

헬기장 운용 및 지원

PPR	입항 전 24시간 전	연료	JET A-1
운용시간	월 – 일(0000-0900Z)		

입출항 절차

입항	• 접근 시 착륙 10분 전 "산항 함양" 최초 무선 교신 • 북동쪽 진입 시 : 함양 수동농공단지 경유 AGL 1,000 ft 이상 유지하고 남강을 따라 접근하면서 관리소 진입 • 동/남동쪽 진입 시 : 생초IC 인근 축사 회피하여 경호강 1교 상공 경유하여 관리소 진입 • 서/남서쪽 진입시 : 유림면에서 진입시 AGL 1,000 ft 이상 유지, 임천 상공을 따라 접근하면서 장항리 축사 및 강정마을 회피하여 관리소 진입
출항	• 이륙 및 이탈시 인근 수목 등 장애물로부터 충분한 안전고도를 취한 후 이탈 • 풍향 고려 접근경로 역순으로 이탈

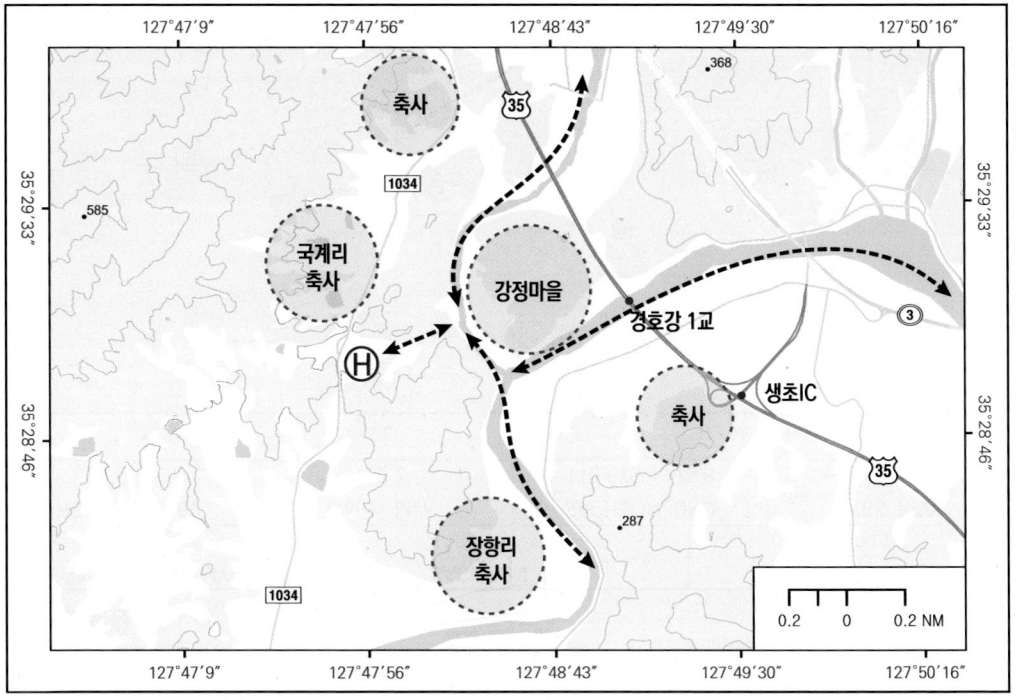

© MapTiler © OpenStreetMap contributors

헬기장 현황			
규격(m)	표면	운용기종	비 고
115 × 100	CON	S-64, KA-32	

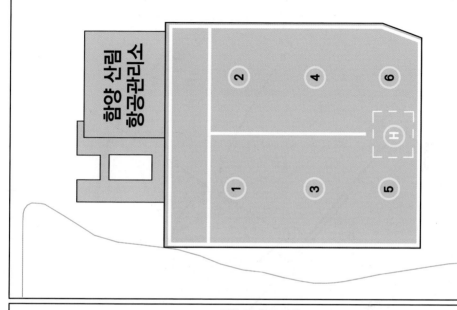

주의 및 참고 사항

• 관리소 동쪽 1Km 강정마을 및 3Km(생초 IC 인근) 축사 상공 비행회피(소음민원)

© MapTiler © OpenStreetMap contributors

YANGYANG 5NM 300ft

RKNY
양양공항

RKND
솔밭해변

RKNS
35°33'16"N
128°06'59"E

W · N · E · P · K · Y · H

283 · 257 · 253 · 330 · 199 · 669 · 188 · 226

2 NM · 0 · 2

YANGYANG GND	YANGYANG TWR	Watch Man	HELIPAD ELEV
124.3 240.4	118.85 240.4 124.375	125.3	140ft/42.7m
GANGNEUNG APP	YANGYANG GND		RKNY RWY
124.6 304.0	124.3 240.4		15 – 33

RKNS

양양

ASI

VFR

강릉시(양양)

헬기장 정보

위치 좌표	38°04'06.25"N 128°39'05.41"E	주소지	강원 양양군 손양면 학포리 253-1
헬기장 표고	140ft / 42.7m	전화번호	033-249-5345 (양양소방)
편차(VAR)	9° W	관제서비스	VFR/IFR

헬기장 운용 및 지원

PPR	입항 전 24시간 전	연료	JET A-1 / TURBO 2380
운용시간	월 – 일(0000–0900Z)		

입출항 절차

입항	• 양양공항 10NM 밖에서 양양119항공대 착륙을 위해 접근 시 강릉 App와 교신 • 강릉App 지시에 따라 양양 Tower 교신 후 보고지점 경유 항공대 접근 • 북쪽 입항 : N 지점 → W 지점 경유 항공대 헬기장 진입 • 남쪽 입항 : P 지점 → W 지점 경유 항공대 헬기장 진입 • 서쪽 입항 : W 지점 경유 항공대 헬기장 진입
출항	• 이륙 전 양양 TWR 교신 후 이륙 요청 • 이륙 후 W 지점 방향으로 선회 후 이동 • 북쪽 출항 : W 지점 → N 지점 경유 이탈 • 남쪽 출항 : W 지점 → P 지점 경유 이탈 • 서쪽 출항 : W 지점 경유 서쪽 이탈

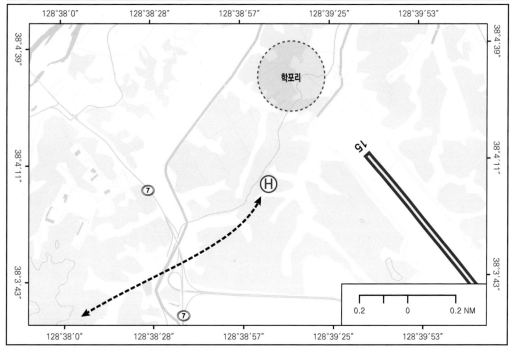

© MapTiler © OpenStreetMap contributors

헬기장 현황

규격(m)	표면	운용기종	비고
50 × 50	CON	S-92, Mi-172	

강원소방 항공헬기대

주의 및 참고 사항

• 양양공항 Checkpoint 정보

지점	위치명	경위도 좌표	비고
N	아랫말 남동쪽 95고지	38°05'00"N 128°35'44"E	R299 YAG/D3.4
W	삼바리재 북쪽 167고지	38°03'11"N 128°37'15"E	R261 YAG/D2.0
P	당산동 동쪽 223고지	37°59'56"N 128°39'17"E	R193 YAG/D3.9
E	낙산해수욕장	38°06'59"N 128°38'07"E	R347 YAG/D3.4
K	낙산사 동쪽 4.6마일 해상	38°07'55"N 128°43'35"E	R045 YAG/D5.1
D	기사문리 동쪽 4.4마일 해상	38°02'16"N 128°48'07"E	R111 YAG/D6.8
H	하월천리	37°55'13"N 128°42'18"E	R174 YAG/D8.8
I	광진리 동쪽 4.8마일 해상	38°00'15"N 128°50'10"E	R121 YAG/D9.0

• 주의 사항
  - 양양공항 RWY33 말단과 650m 거리에 위치하므로 접근착륙 간 활주로 이륙 및 진입구역 근접주의
  - 항공대 기준 250°1.8km 거리에 위치한 8군단 상공비행 금지
  - 북쪽 이동 시 통신탑 충돌주의

–	WONJU TWR		WONJU APP	
	126.2 118.325 236.6 265.5		130.2 255.0	
HELIPAD ELEV	Watch Man	WONJU GND	RKNW RWY	
1,650ft/503m	125.3	275.8	03-21	

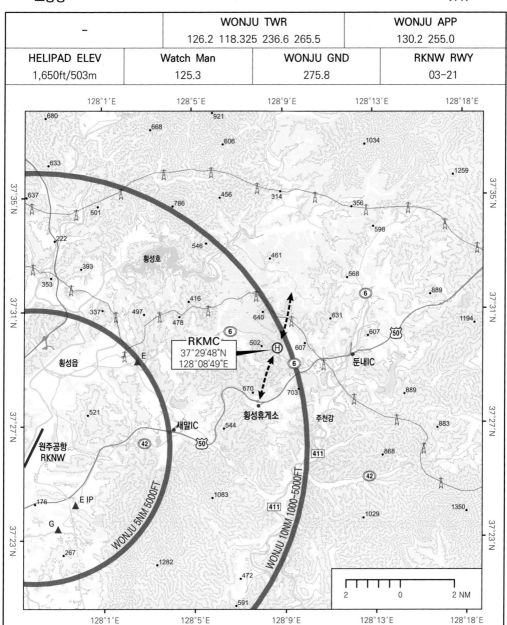

헬기장 정보

위치 좌표	37°29'48.12"N 128°08'49.20"E	주소지	강원도 횡성군 우천면 경강로 3829
헬기장 표고	1,650ft / 503m	전화번호	033-249-5345 (횡성소방)
편차(VAR)	9˚ W	관제서비스	-

헬기장 운용 및 지원

PPR	입항 전 24시간 전	연료	JET A-1
운용시간	월 - 일(0000-0900Z)		

입출항 절차

입항	• 원주공항 관제권 내에 위치하므로 헬기장 입항 시 원주 관제탑에 운항 정보 통보 • 북쪽/북동쪽 : 축산기술연구소 상공을 회피 및 고압선(2,100ft) 유의하여 입항 • 남쪽/남서쪽 : 영동고속도로 횡성 휴게소 상공에서 025˚ 방향 진입
출항	• 북쪽/북동쪽 : 축산기술연구소 상공을 회피 및 고압선(2,100ft) 유의하여 출항 • 남쪽/남서쪽 : 영동고속도로 횡성 휴게소 방향으로 이탈 • 원주 Tower 와 교신 후 운항 정보 통보

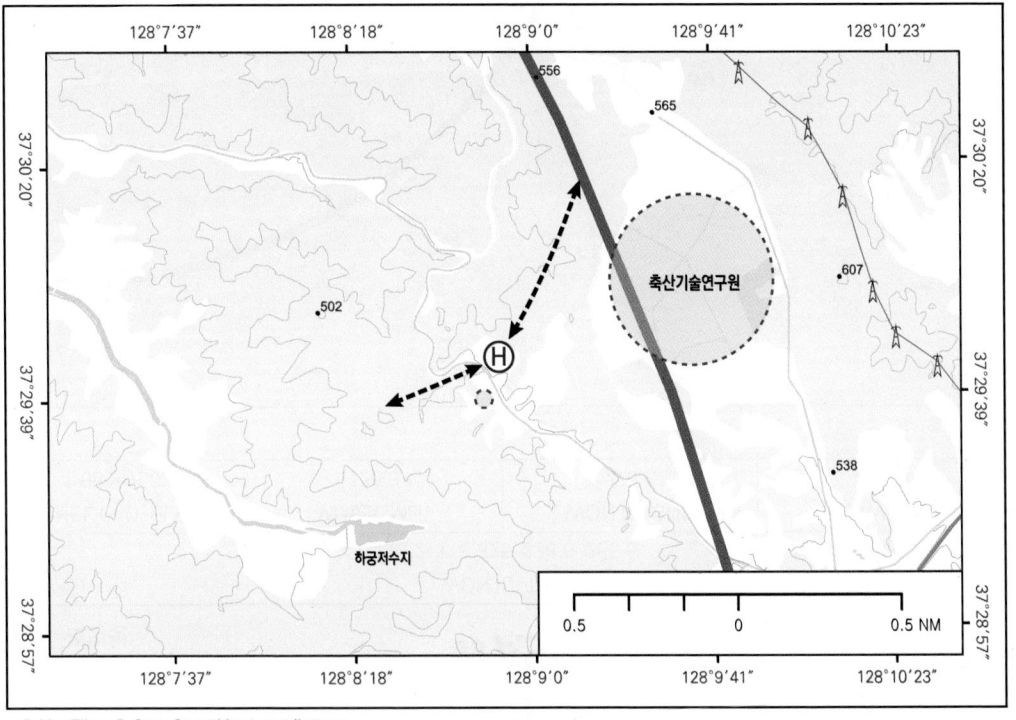

© MapTiler © OpenStreetMap contributors

헬기장 현황			
규격(m)	표면	운용기종	비 고
30 × 30	CON	S-92, Mi-172	

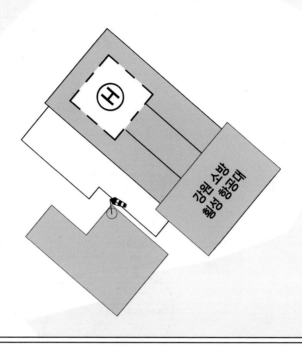

주의 및 참고 사항

- 주의사항

  - 횡성기지 동쪽 1NM에 위치한 송전탑 통과시 안전고도 2,500ft 이상 유지 필요

  - 횡성기지 동쪽 0.5NM에 위치한 강원도축산기술연구원 상공 회피

© MapTiler © OpenStreetMap contributors

OSAN 5NM 2200FT

RKSO
오산비행장

RKBY
37°07'28"N
127°07'12"E

이동저수지

등잔재 CC 옹읍

팔탄 CC

용인 JC

SE

NE

127°1'E   127°4'E   127°7'E   127°9'E   127°12'E

37°2'N   37°4'N   37°7'N   37°9'N   37°12'N

2 NM   0   2

BONGMYEONG GND	Watch Man	OSAN GND	RKSO RWY
130.125	125.3	132.45 253.7	09(L/R)−27(R/L)
HELIPAD ELEV			
300ft/91.4m			

OSAN APP	OSAN TWR		
127.9 234.3	122.1 308.8		

ASI

RKBY
상공읍
VFR
항기 조항

헬기장 정보

위치 좌표	37°07'27.72"N 127°07'12.16"E	주소지	용인시 처인구 남사면 천덕산로 11번길42-2
헬기장 표고	300ft / 91.4m	전화번호	031-8021-0541 (경기소방)
편차(VAR)	9° W	관제서비스	VFR

헬기장 운용 및 지원

PPR	입항 전 24시간 전	연료	JET A-1
운용시간		월 - 일(0000-0900Z)	

입출항 절차

입항	• 북쪽 : 한원CC경유 후 1000ft 강하하여 한화리조트 상공 통화 구 접근 • 남쪽(동쪽) : 이동저수지 상공 통화 후 800ft 이하로 장주 진입 • 남쪽 : 경부 고속도로 상공 600ft 이하 통과 후 장주 진입
출항	• 북쪽 : 한원CC경유 후 1000ft 상승하여 한화리조트 상공 통화 후 이탈 • 남쪽(동쪽) : 이동저수지 상공 통화 후 800ft 이하로 이탈 • 남쪽 : 경부 고속도로 상공 600ft 이하 통과 후 이탈

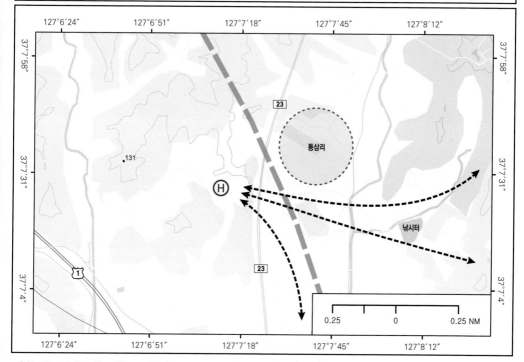

© MapTiler © OpenStreetMap contributors

헬기장 현황			
규격(m)	표면	운용기종	비 고
33 × 33	CON	S-92, Mi-172	

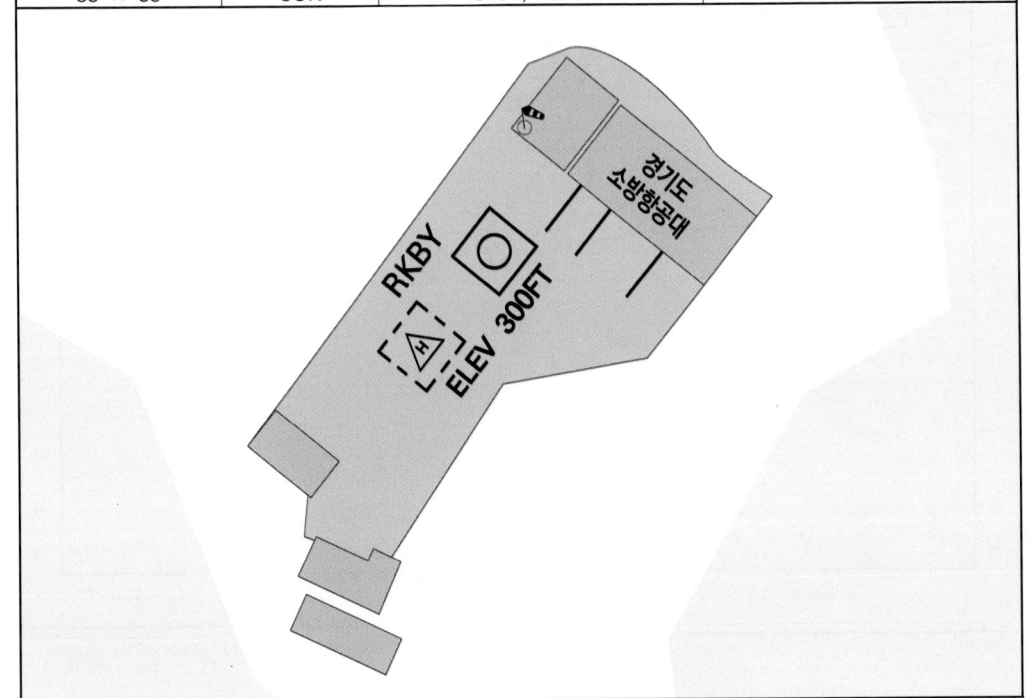

주의 및 참고 사항

• 경기 소방 Check Point

지점	위치명	경위도 좌표	비고
SE	안성JC	37°02′09″N 127°08′20″E	
NE	오산IC	37°08′34″N 127°04′50″E	
한원CC	당산동 동쪽 223고지	37°09′20″N 127°07′50″E	
이동저수지	낙산해수욕장	37°06′40″N 127°12′00″E	

◈ASI

HAPCHEON CONTROL	SACHEON TWR		SACHEON APP	
123.05	118.675	236.6	135.4	344.7
HELIPAD ELEV	Watch Man		SACHEON GND	RKPS RWY
141ft/43m	125.3		118.675 275.8	06(L/R)–14(L/R)

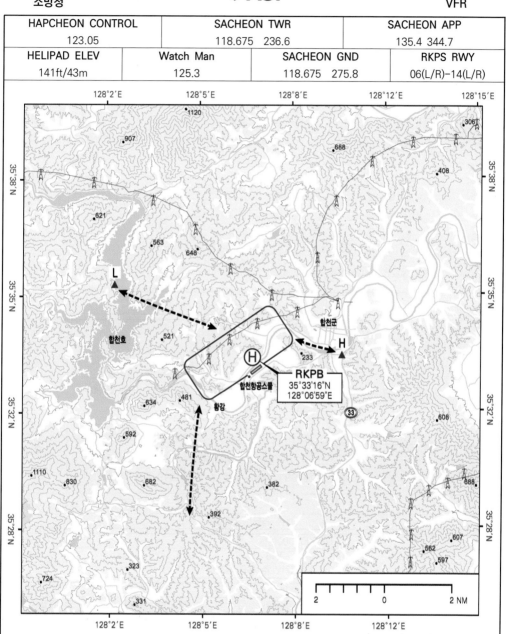

헬기장 정보

위치 좌표	35°33'16.39"N 128°06'59.44"E	주소지	경남 합천군 용주면 고품부흥1길 10-28
헬기장 표고	141ft / 43m	전화번호	055-211-5475 (경남소방)
편차(VAR)	8° W	관제서비스	VFR

헬기장 운용 및 지원

PPR	입항 전 24시간 전	연료	JET A-1
운용시간	월 – 일(0000-0900Z)		

장주 및 입출항 절차

장주절차	• 고도 1,300ft / 속도 80kts
입항	• 5NM 이전 합천 GND 교신 후 장주 FINAL LEG 진입 입항 • 주 착륙 방향 활주로 27 사용(배풍 5kt 미만 시)
출항	• 시동 후 합천 GND 교신 후 UPWID LEG에서 출발 방향으로 이탈 • 주 이륙 방향 활주로 09사용(배풍 5kt 미만 시)

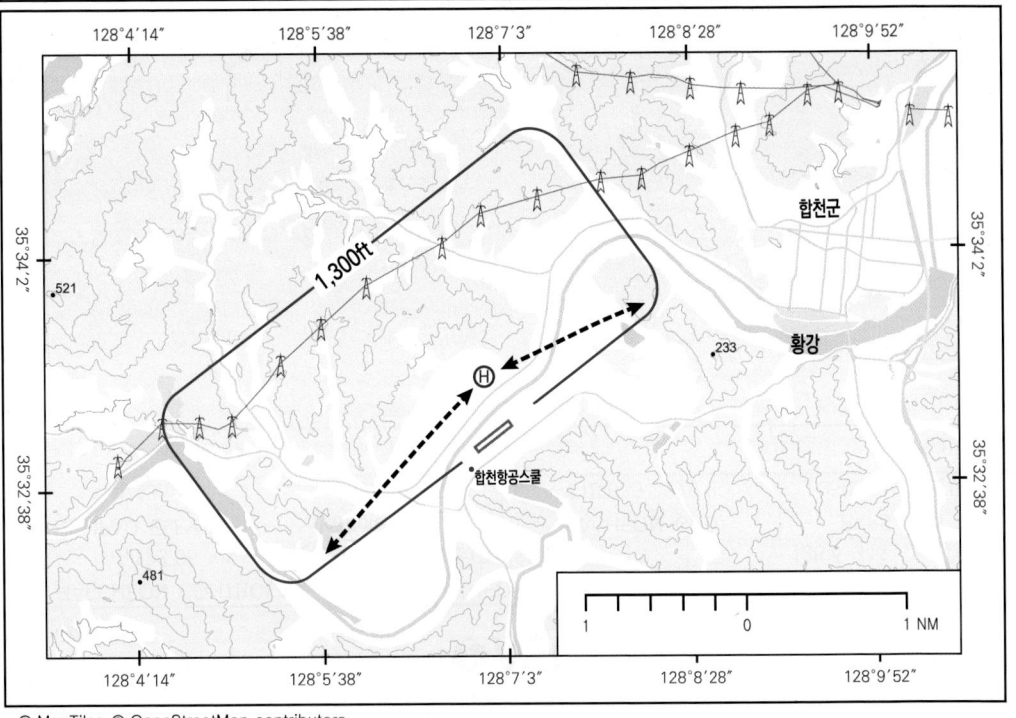

© MapTiler © OpenStreetMap contributors

헬기장 현황			
규격(m)	표면	운용기종	비 고
30 × 30	CON	S-92, Mi-172	

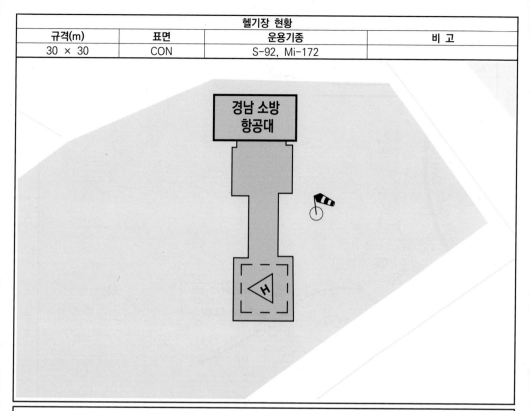

주의 및 참고 사항

- 경남 소방 Check Point

지점	위치명	경위도 좌표	비고
H	청완교	35°33'21.67"N 128°10'08.11"E	
L	정양교	35°35'19.32"N 128°01'53.03"E	

- 주의사항
  - 헬기장을 이용 시 24시간 전 사전인가 필수
  - 항공대와 경남안전체험관이 같이 있어 착륙간 체험객 여부 확인 및 주의

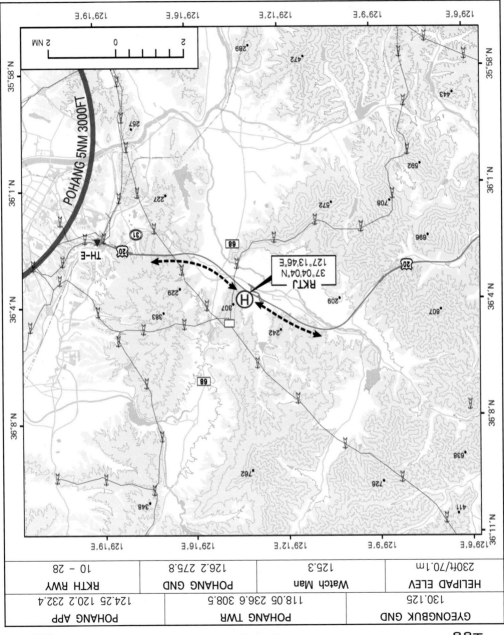

© MapTiler © OpenStreetMap contributors

RKTJ	✦ASI	정보 요약
포항 소형		VFR
GYEONGBUK GND	POHANG TWR	POHANG APP
130.125	118.05 236.6 308.5	124.25 120.2 232.4
HELIPAD ELEV	Watch Man	POHANG GND	RKTH RWY
230ft/70.1m	125.3	126.2 275.8	10 – 28

POHANG 5NM 3000FT

RKTJ
37°04'04"N
127°13'46"E

2 NM

헬기장 정보

위치 좌표	37°04'03.96"N 127°13'46.34"E	주소지	포항시 북구 내단길86번길 19-59
헬기장 표고	230ft / 70.1m	전화번호	054-880-6520
편차(VAR)	9° W	관제서비스	VFR

헬기장 운용 및 지원

PPR	입항 전 24시간 전	연료	JET A-1
운용시간	월 – 일(0000-0900Z)		

입출항 절차

입항	• 포항공항("C"등급 공역) 공역으로 진입 시에는 20 NM 이전에 포항 App 허가 요청 필요 • 동쪽 : 고속도로 따라 "E" 지점 경유 입항 • 서쪽 : 고속도로 따라 "W" 지점 경유 입항 (고압선 330FT 주의)
출항	• 동쪽 : 고속도로 따라 "E" 지점 경유 이탈 • 서쪽 : 고속도로 따라 "W" 지점 경유 이탈 (고압선 330FT 주의)

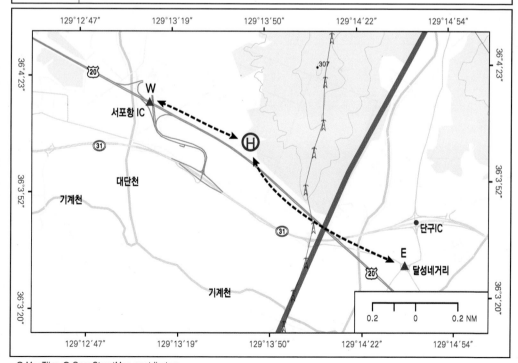

© MapTiler © OpenStreetMap contributors

헬기장 현황			
규격(m)	표면	운용기종	비 고
80 × 45	CON	S-92, Mi-172	

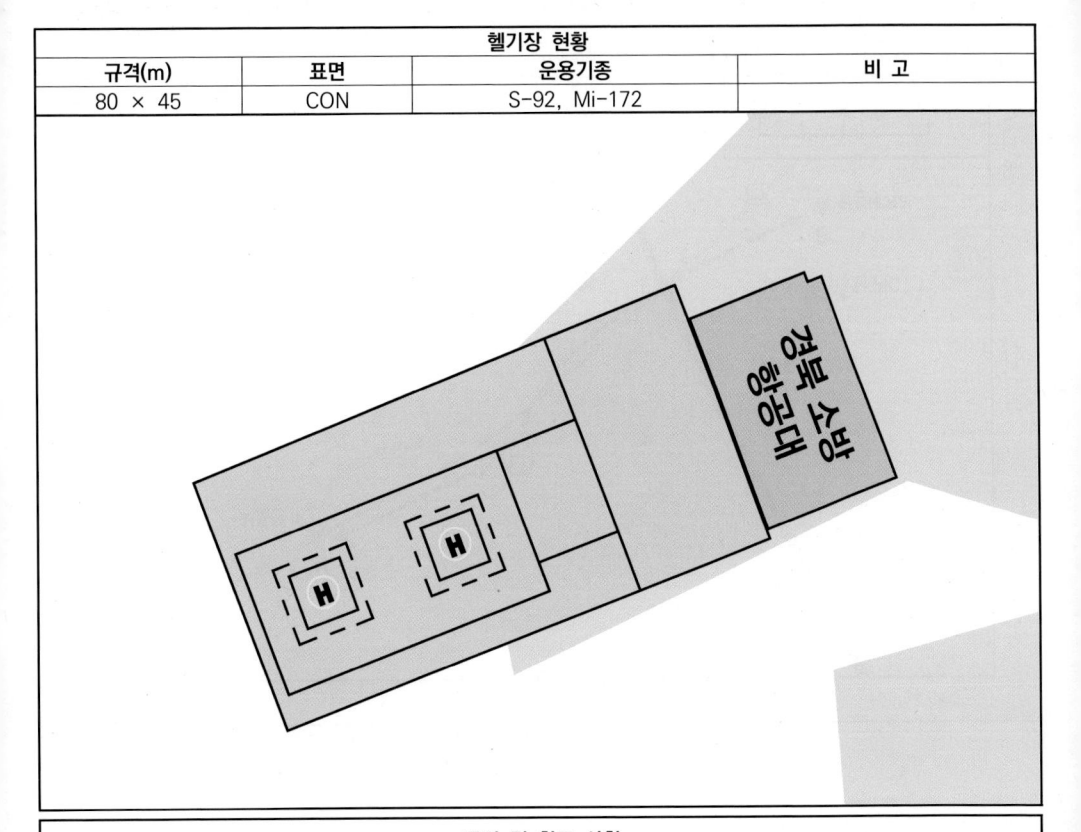

주의 및 참고 사항

- 포항공항 Checkpoint 정보

지점	위치명	경위도 좌표	비고
B	Lake	35°55'24"N 129°22'35"E	2500'
C	Rock ridge	35°54'07"N 129°31'54"E	1500'
D	Radio TWR	36°04'56"N 129°33'06"E	1500'
E	Interchange	36°02'30"N 129°19'20"E	1500'
N	Lighthouse	36°04'34"N 129°25'05"E	1500'

- 주의 사항
  - 주변 마을과 축사를 가급적 회피하여 접근 및 이탈하고 서쪽 방면으로 접근 및 이탈 시 고속도로 상공 고압선(330 feet)을 주의
  - 3,000 feet 이상의 고도에서 계기비행 항공기와의 근접조우가 예상되므로, 만약 3,000 feet 이상의 고도로 헬기장 입출항이 필요한 경우에는 사전에 포항 App의 인가 필요
  - 헬기장을 이용 시 24시간 전 사전인가 필수

ASI

GALMAEGI GND	GIMHAE TWR	GIMHAE APP
130.125	118.1 118.45 233.3 236.6	125.5 364.0

HELIPAD ELEV	Watch Man	GIMHAE GND	RKPK RWY
160ft/48.8m	125.3	121.9 275.8	18(L/R)-36(R/L)

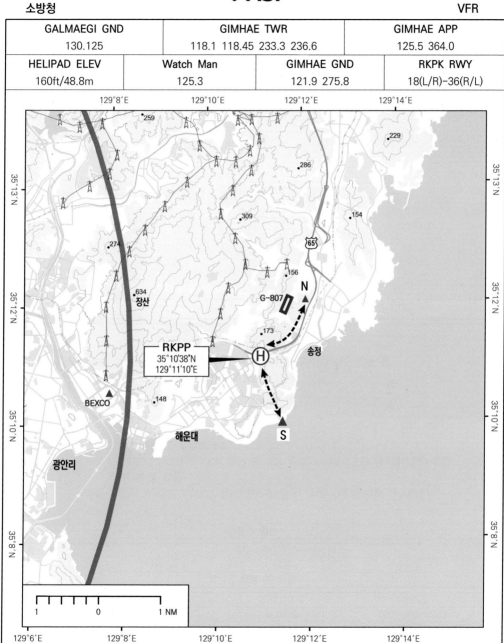

RKPP
35°10'38"N
129°11'10"E

헬기장 정보

위치 좌표	35°10'37.98"N 129°11'09.96"E	주소지	부산광역시 해운대구 해운대로913
헬기장 표고	160ft / 48.8m	전화번호	051-760-4053
편차(VAR)	8°W	관제서비스	VFR

헬기장 운용 및 지원

PPR	24시간 전	연료	JET A-1
운용시간	월 – 일(0000-0900Z)		

입출항 절차

입항	• 북쪽 : 송정("N")에서 1,000ft 동해고속도로(65번) 경유, 해운태 터널 입구에서 　　　　좌선회 후 입항 • 남쪽 : 청사포("S")에서 1,000ft 유지 및 야산 좌측, 부산환경공단 해운대사업단 상공 　　　　경유 입항(80m 굴뚝 주의)
출항	• 북쪽 : 이륙 후 동해고속도로(65번) 경유 출항 • 남쪽 : 이륙 후 부산환경공단 해운대사업단 상공 및 좌측 야산 경유 출항

헬기장 현황			
규격(m)	표면	운용기종	비 고
50 × 30	CON	S-92, Mi-172	헬리패드 3개 운용

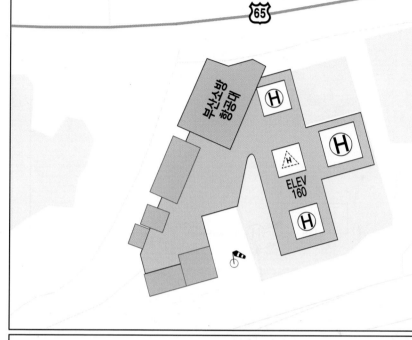

주의 및 참고 사항

• 부산 소방 항공대 Checkpoint 정보

지점	위치명	경위도 좌표	비고
N	송정	35°12'02''N 129°12'11''E	1000'
S	청사포	35°09'55''N 129°11'37''E	1000'

• 주의 사항
  – 장산 제한공역(R-157) 회피하여 접근 및 이탈
  – 남쪽으로 진출·입시 헬기장 남서쪽 부산환경공단 해운대사업단 소각처리 굴뚝(80m) 주의
  – 북쪽으로 진출·입시 고속도로 차량 주의 경유 접근 및 이탈
  – 헬기장을 이용 시 24시간 전 사전인가 필수

© MapTiler © OpenStreetMap contributors

RKPL / 울산공항

ASI

VFR / 울산 수영

HELIPAD ELEV	Watch Man	ULSAN GND	RKPU RWY
492ft/150m	125.3	121.75	18-36

ULSAN HANGGONGDAE	ULSAN TWR	POHANG APP
130.12	118.75 236.6 225.55	124.25 120.2 232.4

RKPL
35°29'36"N
129°10'15"E

ULSAN 5NM 300FT

PU-S

RKPY (H)

대운JC

대암호

범서IC

H

2 NM   0   2

헬기장 정보

위치 좌표	35°29'36.27"N 129°10'15.40"E	주소지	울산시 울주군 삼동면 산현출강길73
헬기장 표고	492ft / 150m	전화번호	052-229-4590
편차(VAR)	9° W	관제서비스	VFR

헬기장 운용 및 지원

PPR	입항 전 24시간 전	연료	JET A-1
운용시간	월 - 일(0000-0900Z)		

입출항 절차

입항	• 울산공항 관제권 접근 시 울산타워 CONTACT 후 울산 타워 지시 따름 • 북서쪽 : 언양 IC ~ 대암호 경유 입항 • 서쪽 : 보라CC 경유 입항 • 동쪽 : 울산공항 "S" point 경유 입항
출항	• 북서쪽 : 대암호 ~ 언양 IC 경유 이탈 • 서쪽 : 보라CC 경유 이탈 • 동쪽 : 울산공항 "S" point 경유 이탈

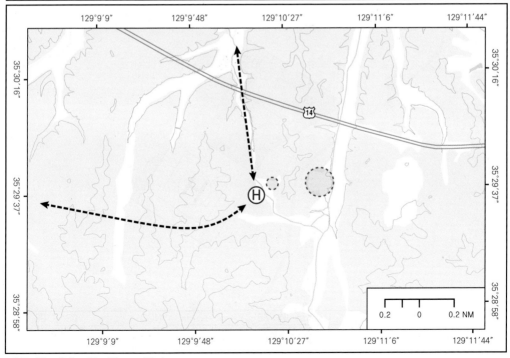

헬기장 현황			
규격(m)	표면	운용기종	비 고
30 × 30	CON	S-92, Mi-172	

주의 및 참고 사항

- 주의 사항
  - 착륙장 북쪽 사슴농장 민원지역(소음민감지역) 회피 후 접근
  - 주변 야산보다 착륙장 고도가 낮아 착륙장 접근 시 주의 필요
  - 야간 접근 시 착륙장 등화 식별이 주변 야산에 의해 제한됨에 따라 확실한 육안식별 후 착륙을 위한 강하 실시
  - 보라CC 방향으로 입·출항 시 500fpm 초과 상승 및 강하율 필요 주의
  - 착륙장 주변 캠핑장(글램핑장) 건설 중에 따른 잠재 민원지역 (소음민감지역)

–		INCHEON TWR	SEOUL APP
		118.2 118.275 118.8 231.8	119.1 119.75 124.7 120.8
HELIPAD ELEV	Watch Man	INCHEON GND	RKSI RWY
20ft/6.0m	125.3	121.75 121.7	15(L/R)–33(L/R) 16(L/R)–34(L/R)

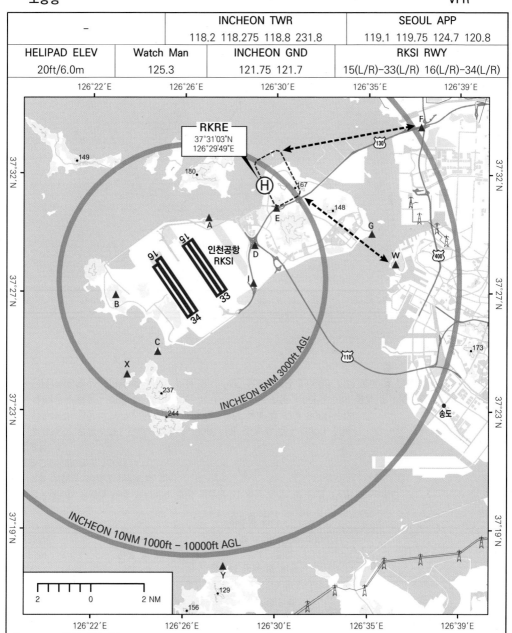

헬기장 정보

위치 좌표	37°37'3.04"N 126°29'49.58"E	주소지	인천광역시 중구 운서동 2172-1번지
헬기장 표고	20ft / 6.0m	전화번호	032-728-8077
편차(VAR)	9° W	관제서비스	–

헬기장 운용 및 지원

PPR	입항 전 24시간 전	연료	JET A-1
운용시간	월 – 일(0000-0900Z)		

입출항 절차

- 인천국제공항 관제권 내에 위치하고 있어 입출항 시 서울 APP 및 인천 TWR 교신 필요
- 이착륙 방향은 14/32 방향으로 실시
- 장주고도 800ft / 100kts
- 입출항
  - 북/북동쪽 입항 : "F" point 경유 1,000ft 이하 통과 후 장주 800ft 진입
  - 남/남동쪽 입항 : "W" point 경유 1,000ft 이하 통과 후 장주 800ft 진입
  - 북/북동쪽 출항 : 이륙 후 500ft 이상 유지 "F" point 경유 1,000ft 이하 통과 후 이탈
  - 남/남동쪽 출항 : 이륙 후 500ft 이상 유지 "W" point 경유 1,000ft 이하 통과 후 이탈

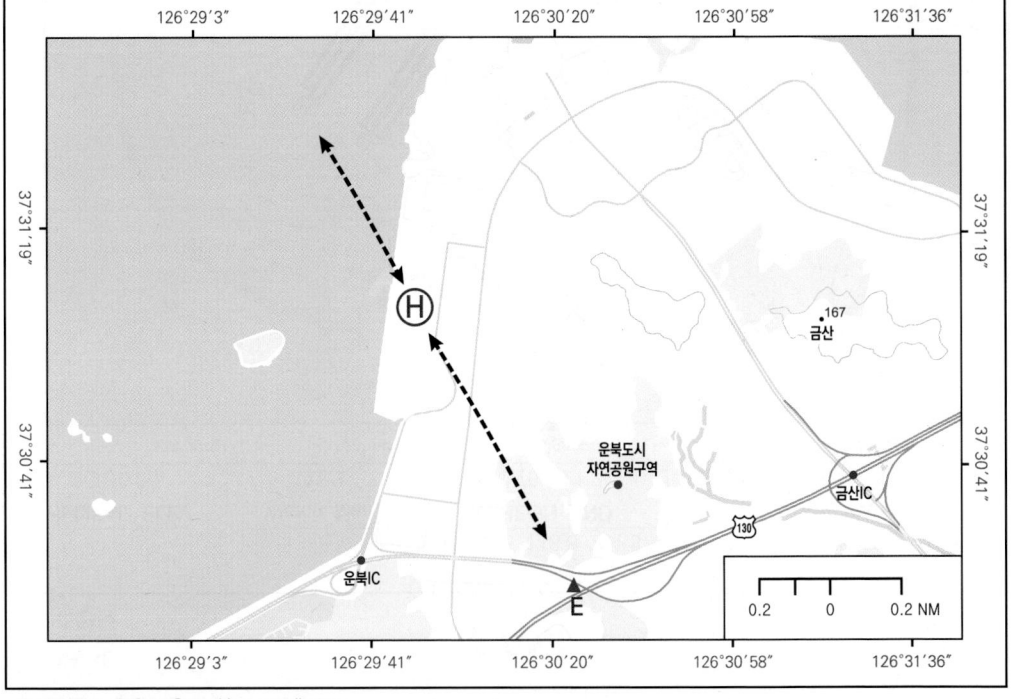

© MapTiler © OpenStreetMap contributors

헬기장 현황

규격(m)	표면	운용기종	비 고
180 × 45	CON	S-92, AW-139	활주로(14-32) 및 헬리패드 6개(육경, 해경, 소방)

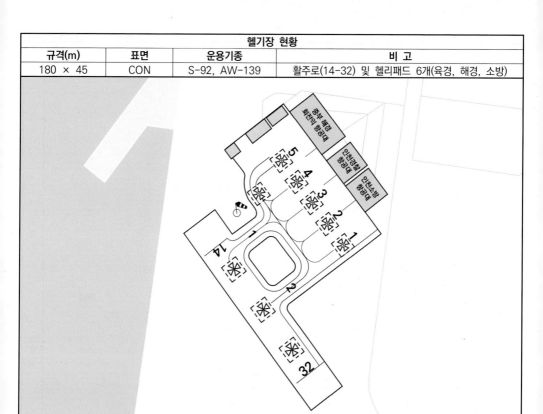

주의 및 참고 사항

- 계류장 최종진입 장소 및 이륙 간 주의사항
  - 최종접근 및 착륙은 미들 멀티스(활주로상 중간 패드)에 실시를 원칙으로 함
  - 32방향 착륙 시 최종 접근단계 무명고지 고려 AGL 500 feet 이상 유지
- 인천공항 비행정보실 PLAN 제출 및 구두확인
- 헬기장 입항 전 인천해양경찰항공대에 통보
  - 입·출항 : 해양경찰항공대 운항실 032) 728-8379
  - 야간 활주로 등화 : 해양경찰항공대 정비반 032) 728-8979
- 기지 입·출항 및 LOCAL 구역 내 운항중인 항공기간 교신을 위해 123.1 주파수 청취
- 북동쪽 해상에 위치한 "저어새 서식지(수하암)"은 민원지역으로 회피하여 비행 수행

⬡ ASI

SANHANG YOENGAM	MOKPO TWR	GWANGJU APP
129.3	134.4 133.35 235.1 252.1	124.475 130.0 228.9 319.2

HELIPAD ELEV	Watch Man	MOKPO GND	RKJM RWY
150ft/45.7m	125.3	134.4 133.35	06-24

RKJA
34°49'43"N
126°42'07"E

헬기장 정보

위치 좌표	34°49'45.16"N 126°42'10.56"E	주소지	전남 영암군 덕진면 소방항공대길 99
헬기장 표고	150ft / 45.7m	전화번호	061-860-5152
편차(VAR)	8° W	관제서비스	VFR

헬기장 운용 및 지원

PPR	입항 전 24시간 전	연료	JET A-1
운용시간	월 - 일(0000-0900Z)		

입출항 절차

입항	• 북/북서쪽 : 금강휴게소 상공 800ft 경유 200ft 강하하여 접근 • 북동/동쪽 : Heading 270 접근 시 민가 상공에서 속도 50kts, 고도 600ft 강하 진입
출항	• 주 출항로(금강휴게소) 방향을 이용 각 항공기 성능제한 범위 내에서 최대 이륙 실시 이탈

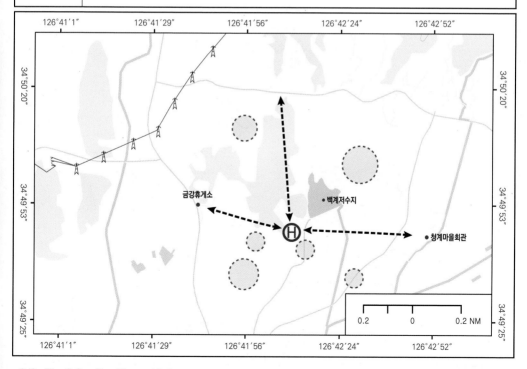

헬기장 현황			
규격(m)	표면	운용기종	비 고
50 × 40	CON	S-92, Mi-172	

주의 및 참고 사항

- 북쪽이나 서쪽 진입 시 고압선 주의
- 이/착륙 시 수목 및 방벽 주위
- 계류장 남서쪽 및 북동쪽 축사 상공 비행금지
- 영암 산림 항공대 헬기 유무 확인 및 안전고도/거리 유지(입출항 시 산항 영암 교신)

RKJF
소방청

⬣ ASI

전북 소방
VFR

JEONBUK GND	JEONJU TWR	GUNSAN APP
123.375	120.20 346.675	124.1 292.65
HELIPAD ELEV	Watch Man		**RKJU RWY**
1,320ft/402.3m	125.3	–	14–32

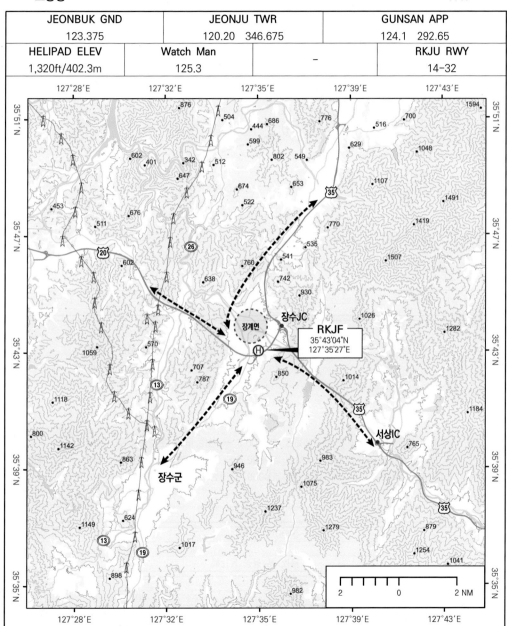

헬기장 정보

위치 좌표	35°43'04.24"N 127°35'27.36"E	주소지	전북 장수군 계남면 장무로 100-27
헬기장 표고	1,320ft / 402.3m	전화번호	063-290-5656
편차(VAR)	8° W	관제서비스	VFR

헬기장 운용 및 지원

PPR	입항 전 24시간 전	연료	JET A-1
운용시간	월 - 일(0000-0900Z)		

입출항 절차

입항	• 북쪽 : 통영대전 고속도로 경유 → 2,000ft로 무명야산 경유 후 1,350ft로 기지 입항 • 서쪽 : 익산장수 고속도로 경유 → 2,000ft로 무명야산 경유 1,350ft로 기지 입항 • 남쪽 : 장수군 상공 19번 경유 → 2,000ft로 무명야산 경유 1,350ft로 기지 입항
출항	• 북쪽 : 무명야산 경유 후 북쪽 이탈 • 서쪽 : 무명야산 경유 후 서쪽 이탈 • 남쪽 : 무명야산 경유 후 남쪽 이탈

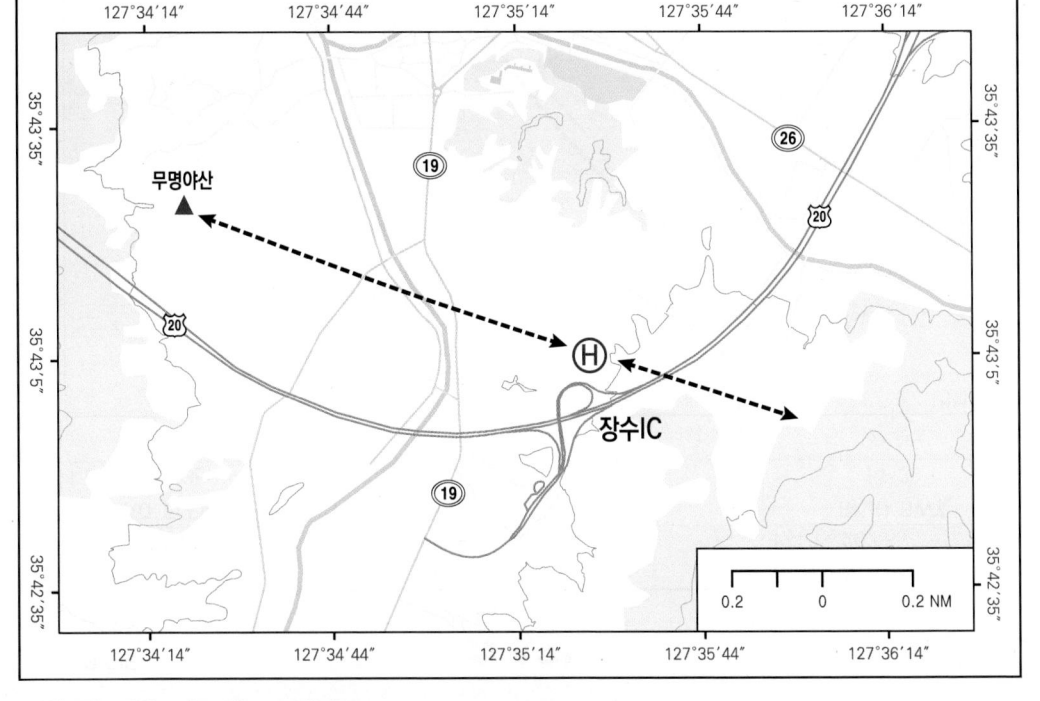

헬기장 현황			
규격(m)	표면	운용기종	비 고
35 × 35	CON	S-92, Mi-172	

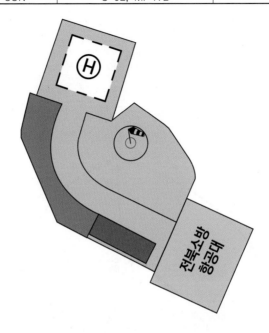

전북소방
항공대

주의 및 참고 사항

• 주의 사항
  풍향에 따라 배풍접근이 우려 될 때에는 무명산 – 장수IC를 경유하여 소음 민원지역을 회피하여 항공대로
  접근 (인근지역 주민 소음민원 제기 다수 발생 주의)

◆ ASI

CHUNGNAM GND	HAEMI TWR	HAEMI APP
130.125	126.2 236.6 284.3	124.6 229.25

HELIPAD ELEV	Watch Man	HAEMI GND	RKTP RWY
328ft/100m	125.3	275.8	03(L/R)-21(R/L)

충남 소방
36°30'49"N
126°47'39"E

예당저수지

황새
먹이활동
구역

황새공원
(반경 1km)

소방
학교

신양IC

© MapTiler © OpenStreetMap contributors

헬기장 정보

위치 좌표	36°30'49.45"N 126°47'39.46"E	주소지	충남 청양군 비봉면 소방로 61
헬기장 표고	328ft / 100m	전화번호	041-590-6420
편차(VAR)	8° W	관제서비스	VFR

헬기장 운용 및 지원

PPR	입항 전 24시간 전	연료	JET A-1
운용시간	월 - 일(0000-0900Z)		

입출항 절차

입항	• 접근 경로 　- 북쪽 : 봉수산("N") ↔ 광시교차로("NW") ↔ IP "N"(묘지군) 　- 남쪽 : 신원 교차로("S") ↔ IP "S"(사점 교차로) 　- 서쪽 : 천태 저수지("W") ↔ "N" 또는 "S" 경유 　- 동쪽 : 폐광산(삼광광업소)("E") ↔ 신원 교차로("S") ↔ IP "S"(사점 교차로) • 최종 접근 지점 　- 북쪽 : IP "N"(묘지군) 1,000ft, 70kts 　- 남쪽 : IP "S"(사점교차로) 1,000ft, 70kts
출항	• 견인 / 이동 : 격납고(계류장) ↔ PAD(이륙 방향으로 기수 정대) ※ GND Taxi 금지 • 출동 : 이륙 방향으로 기수 정대(N, S), 시동 On 후 이륙

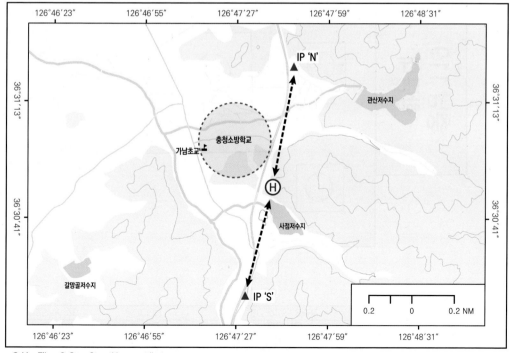

헬기장 현황			
규격(m)	표면	운용기종	비 고
25 × 25	CON	EC-225, S-92	

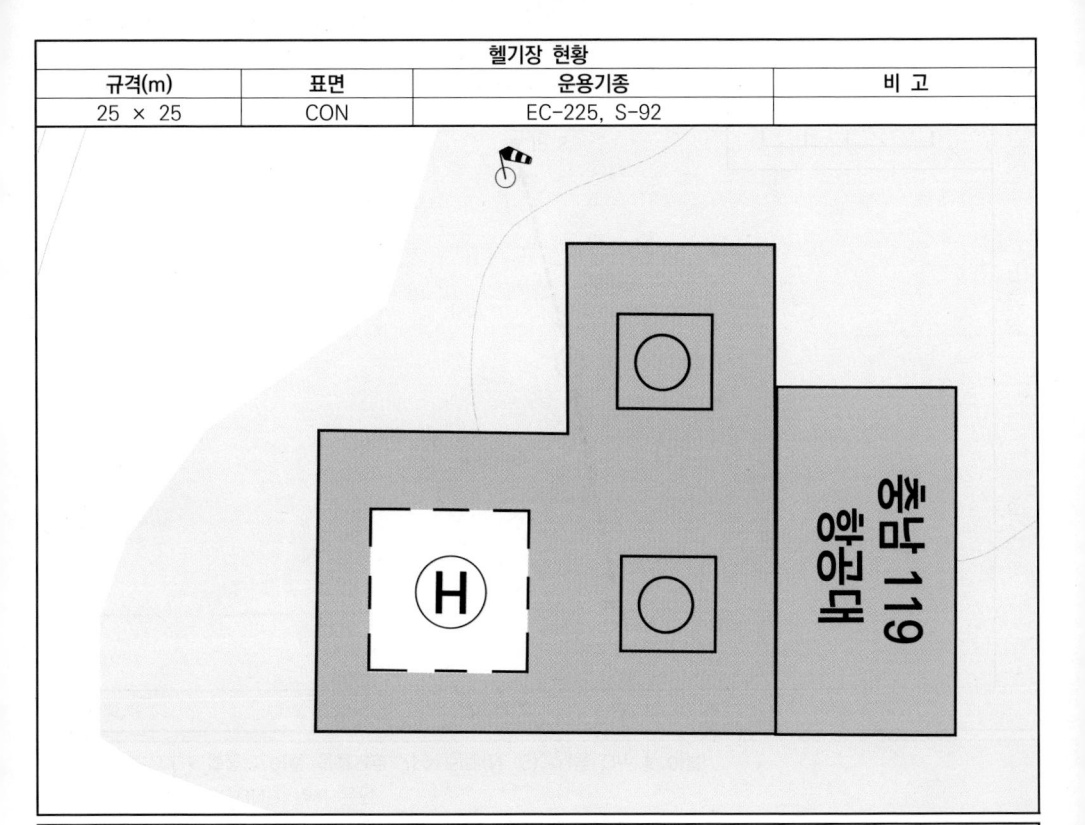

주의 및 참고 사항

- Check Point
  - N : 봉수산(534m/1,752ft) / N36-35-47, E126-46-14
  - NW : 광시 교차로 / N36-32-09, E126-46-21
  - W : 천태저수지 / N36-31-03, E126-44-47
  - S : 신원 교차로 / N36-29-01, E126-47-29
  - E : 폐광산(삼광광업소) / N36-31-08, E126-52-45
- 회피구역
  - 북쪽 : 예산황새공원(반경1km) / N36-32-33, E126-47-49)
  - 서쪽 : 충청소방학교 (반경400m) / N36-30-57, E126-47-30)
  - 동쪽 : 통신탑(PA:2,000ft/항공등없음) / N36-31-18, E126-49-27)
- 기 타
  - 외부 계류 : 2번(주), 1번(예비) / ※ 기수방향: 격납고(주) / PAD쪽(예비)
  - 남쪽 접근 시 29번 국도 상 송전선로 및 송전탑 주의

◈ASI

BULAM TWR	SEOUL TWR	SEOUL APP
130.125	126.2 234.5 236.6	119.1 123.8 363.8

HELIPAD ELEV	Watch Man	SEOUL GND	RKSM RWY
328ft/100m	125.3	121.85 275.8	1-19 2-20

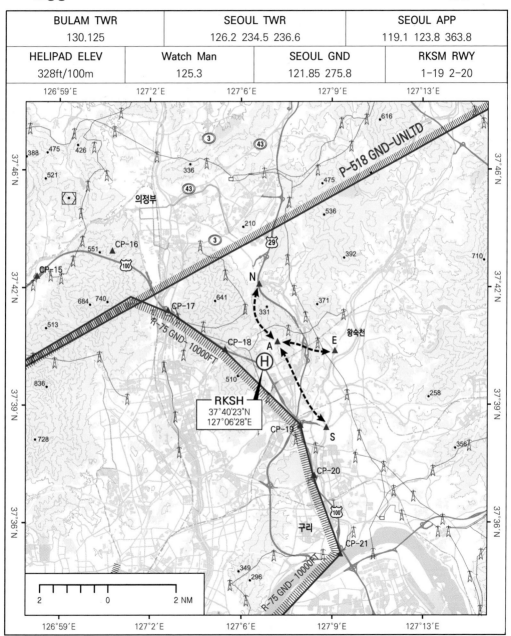

비행장 정보

위치 좌표	37°40'22.64"N 127°06'27.90"E	주소지	경기도 남양주시 덕송3로 45
헬기장 표고	328ft / 100m	전화번호	031-570-2170(중앙 119 수도권대)
편차(VAR)	8° W	관제서비스	VFR

비행장 운용 및 지원

PPR	입항 전 24시간 전	연료	JET A-1
운용시간	월 – 일(0000-0900Z)		

입출항 절차

입항	• 북쪽 : "N" point(남양주 터널) 에서 능선 따라 "A" point(별내터널) 접근 후 진입 • 동쪽 : "E" point(내곡IC) 에서 280도 방향으로 "A" point(별내터널) 접근 후 진입 • 서쪽 : "S" point(사노교) 에서 330도 방향으로 "A" point(별내터널) 접근 후 진입
출항	• 북쪽 : "A" point(별내터널) 에서 "N" point(남양주 터널) 경유 이탈 • 동쪽 : "A" point(별내터널) 에서 "E" point(내곡IC) 경유 이탈 • 서쪽 : "A" point(별내터널) 에서 "S" point(사노교) 경유 이탈

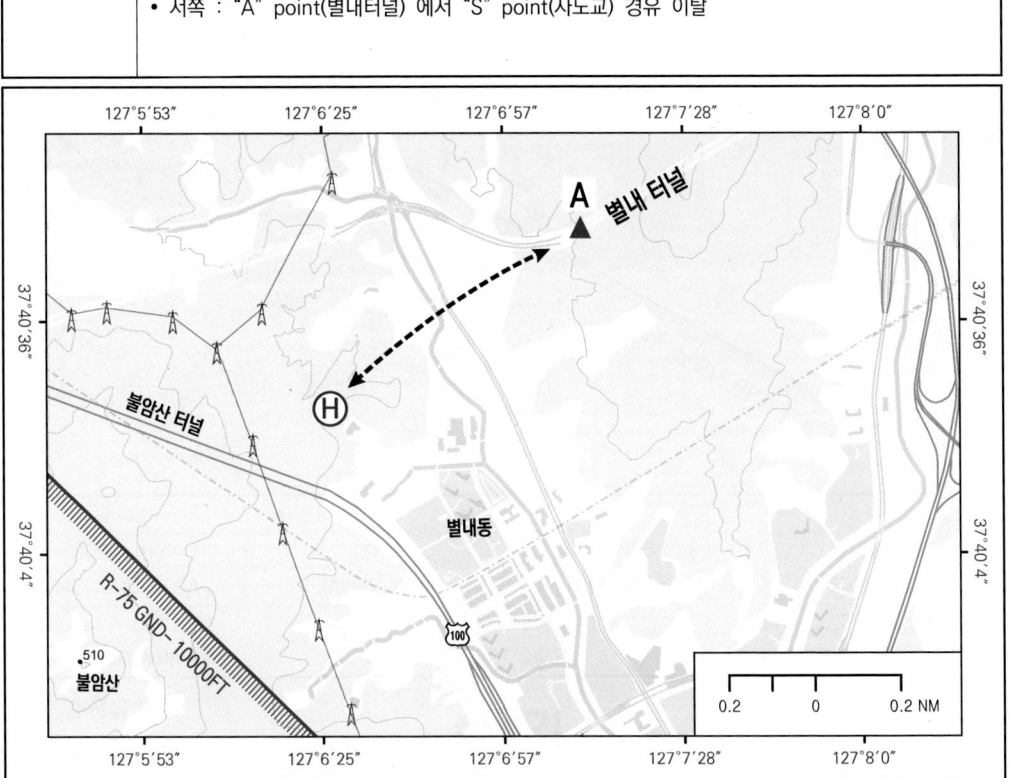

© MapTiler © OpenStreetMap contributors

헬기장 현황			
규격(m)	표면	운용기종	비 고
80 × 80	CON	S-92, Mi-172	

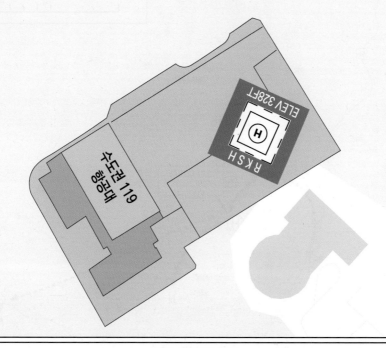

주의 및 참고 사항

- 주의사항
  - P-73 시계비행로 북부 및 동부회랑을 따라 비행하는 헬기에 유의하여 비행
  - 헬기장이 성남공항(RKSM) 계기비행 최종접근경로와 인접해 있으므로 헬기 입·출항 시 계기접근 항공기와 근접비행에 유의 필요

© MapTiler © OpenStreetMap contributors

RKTG

35°39'36"N
128°23'12"E

HELIPAD ELEV	Watch Man	DAEGU GND	RKTN RWY
150ft/45.7m	125.3	121.95 275.8	13(L/R)-31(R/L)
-	DAEGU TWR		DAEGU APP
	126.2 236.6 365.0		135.9 346.3

RKTG
수원공

♦ ASI

영남 항공119
VFR

비행장 정보

위치 좌표	35°39'36.24"N 128°23'12.03"E	주소지	구지면 수리리 1297
헬기장 표고	150ft / 45.7m	전화번호	053-712-1021
편차(VAR)	8° W	관제서비스	–

비행장 운용 및 지원

PPR	입항 전 24시간 전	연료	JET A-1
운용시간	월 – 일(0000-0900Z)		

입출항 절차

입항	• 북쪽 : "N" point 통과 후 "S" point 경유 입항 • 남쪽, 동쪽 : "S" point 통과 후 낙동강 따라 입항 • 서쪽 : "W" point 경유 고압선 통과 후 입항
출항	• 북쪽 : "N" point 통과 후 "S" point 경유 출항 • 남쪽, 동쪽 : "S" point 통과 후 낙동강 따라 출항

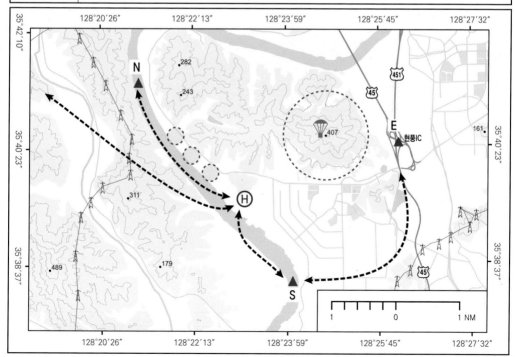

헬기장 현황

규격(m)	표면	운용기종	비 고
88 × 30	CON	S-92, Mi-172	

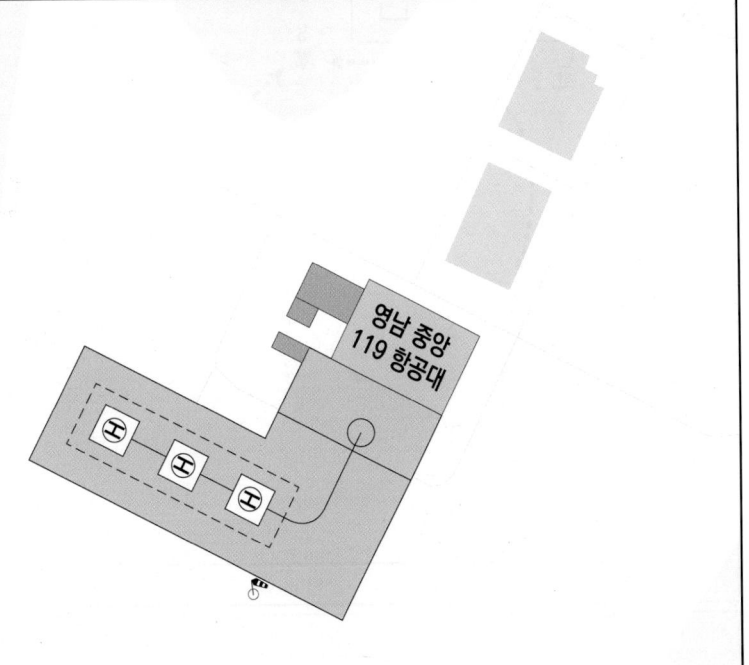

주의 및 참고 사항

• 영남 중앙119 항공대 보고지점

지점	위치명	경위도 좌표	비고
E	현풍 IC	35°40'27.48''N 128°26'07.20''E	
W	고령 IC	35°42'04.86''N 128°15'05.10''E	
S	낙동강	35°38'23.94''N 128°24'12.84''E	
N	-	35°42'18.42''N 128°21'01.18''E	

• 주의사항
  - 착륙장 서쪽 낙동강변 드론 수시 운용, 중구본 상황실 유선 확인 후 접근 및 이탈
  - 착륙장 북쪽 패러글라이딩 활공장(대니산), 패러글라이딩 육안 확인 후 접근 및 이탈
  - 착륙장 서쪽 농작물 및 축사 민원지역 고도유지/회피 후 접근 및 이탈
  - 헬기장을 이용 시 24시간 전 사전인가 필수

RKUA
소방청

◈ASI

충청·강원 중앙119
VFR

CHUNGGANG GND	JUNGWON TWR	JUNGWON APP
130.125	126.2 230.15 236.6	134.00

HELIPAD ELEV	Watch Man	JUNGWON GND	RKTI RWY
452ft/137.8m	125.3	275.8	18(L/R)-36(R/L)

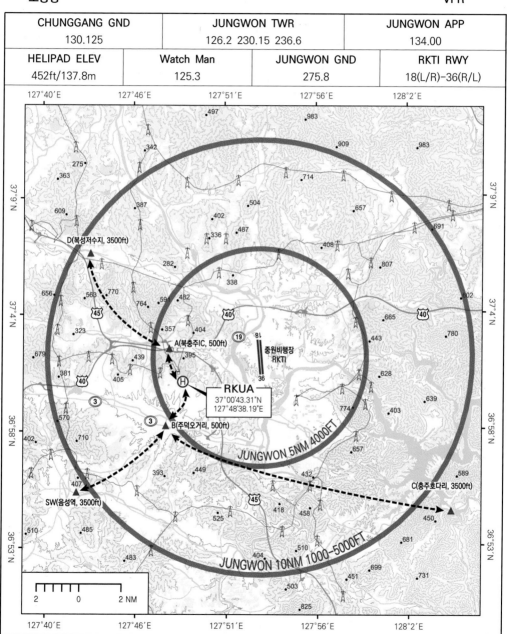

© MapTiler © OpenStreetMap contributors

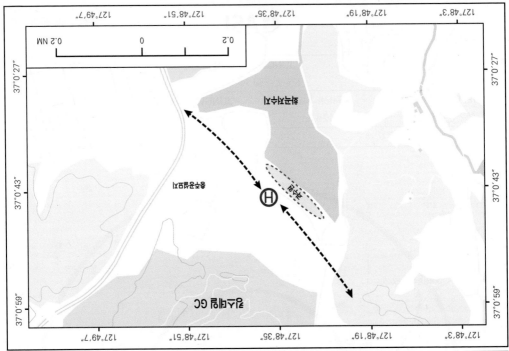

헬기장 정보			
표지 시설	37°00'43.31"N 127°48'38.19"E	주소지	충북 충주시 주덕읍 화곡리 510
헬기장 표고	452ft / 137.8m	전화번호	041-620-7124
편차(VAR)	8° W	관제시설	VFR

헬기장 운용 및 지원			
PPR	인월 전 24시간 전	연료	JET A-1
운용시간	일 - 일(0000-0000Z)		

인월출 절차

인월

- 충주비행장 관제권 내에 위치함으로 인월 진에 중앙 Appr.에 인가 필요
- 북측 : "D" point (화곡자사거리)에서 3,500에서 "A" point (북충주IC) 장측 인월
- 남서측 : "SW" point (음성방향) 3,500에서 "B" point (주덕읍7거리) 500ft 장측 인월
- 남동측 : "C" point (주덕초등교리) 3,500에서 "B" point (주덕읍7거리) 500ft 장측 인월

이월

- 북측 : "A" point (북충주IC)에서 "D" point (화곡자사거리) 장측 이월
- 남서측 : "B" point (주덕읍7거리)에서 "SW" point (음성방향) 장측 이월
- 남동측 : "B" point (주덕읍7거리)에서 "C" point (주덕초등교리) 장측 이월

헬기장 현황			
규격(m)	표면	운용기종	비 고
90 × 90	CON	S-92, Mi-172	

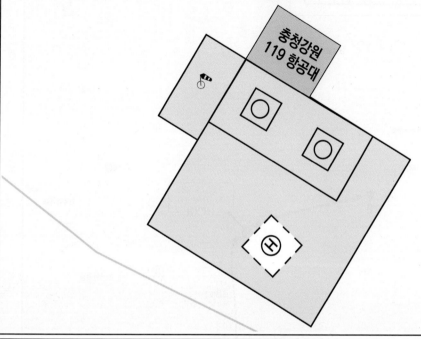

주의 및 참고 사항

- 주의 사항
  - 헬기장 남·서쪽 위치한 농가 및 과수원은 최대한 회피하여 접근 및 이탈
  - 헬기장을 이용 시 24시간 전 사전인가 필수

1 NM   0   1

RKJH
37°36'03"N
126°52'09"E

B

A

첨찰자수지
충의자수지
매봉자수지
능선자수지
이용량
장전자수지
자수지

508
484
422
411
467
496
351
410
277
250
206
253
214
392
143
278
290
231
423
142
211
179

HELIPAD ELEV	Watch Man	GWANGJU GND	RKJJ RWY
291ft/88.7m	125.3	121.8 275.8	04(L/R)-22(L/R)
–	GWANGJU TWR	GWANGJU APP	
	118.05 236.6 254.6	124.475 130.0 228.9 319.2	

◆ ASI

홍천 용인119
VFR

RKJH
수원장

헬기장 정보

위치 좌표	34°52'19.80"N 126°59'42.00"E	주소지	전라남도 화순군 이양면 학포로 327
헬기장 표고	291ft / 88.7m	전화번호	061-370-6750
편차(VAR)	8°W	관제서비스	–

헬기장 운용 및 지원

PPR	입항 전 24시간 전	연료	JET A-1
운용시간	월 – 일(0000-0900Z)		

입출항 절차

입항	• 북쪽 : "A" point 경유 이양면 민원지역 회피 후 입항 • 남쪽 및 동쪽 : "B" point 경유 민원지역 회피 후 보성~화순 국도 따라 입합
출항	• 북쪽 : 이양면 민원지역 회피 후 "A" point 경유 출항 • 남쪽 및 동쪽 : 민원지역 회피 후 보성~화순 국도를 따라 "B" point 경유 출항

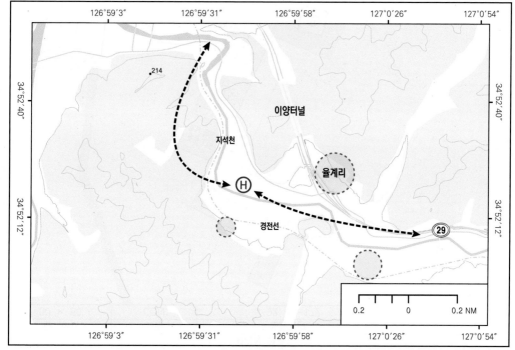

헬기장 현황			
규격(m)	표면	운용기종	비 고
50 × 50	CON	S-92, Mi-172	

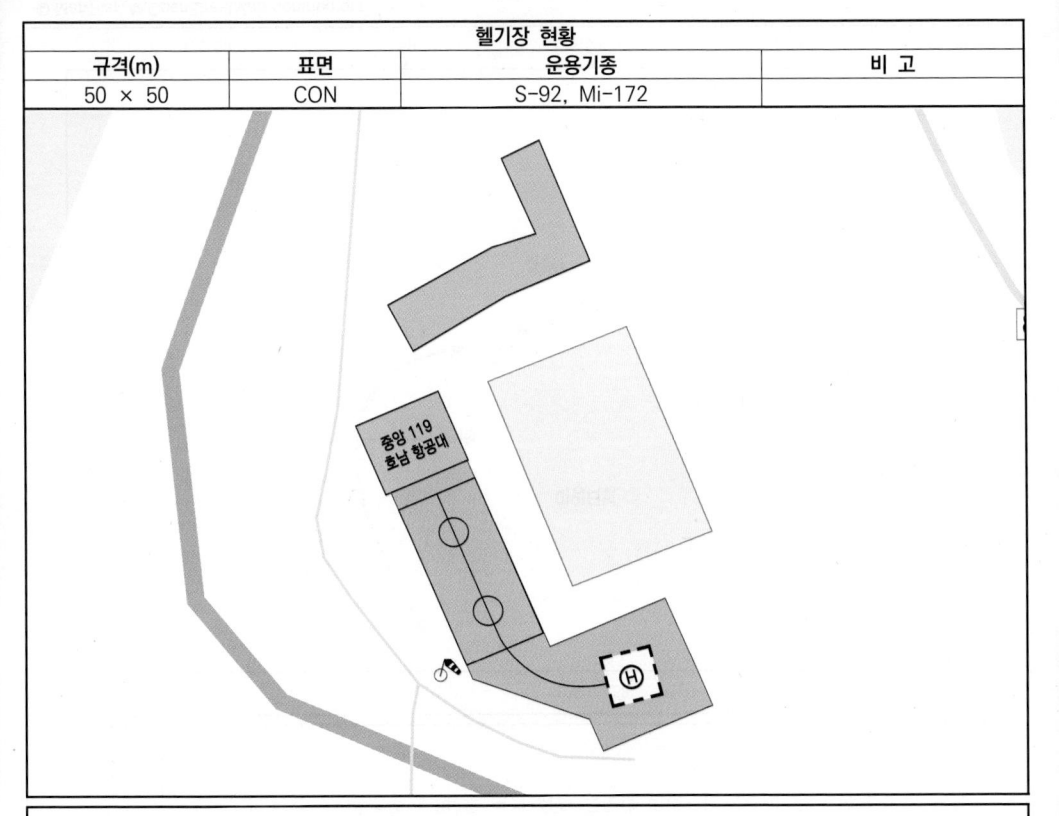

주의 및 참고 사항

- 호남 중앙119 항공대 보고지점

지점	위치명	경위도 좌표	비고
A	홍수조절지(이양교차로)	34°54'38.40"N 126°59'20.40"E	
B	쌍봉교차로	34°51'53.98"N 127°01'41.00"E	

- 주의사항
  - 주 입·출항 경로는 북쪽 경로 사용(소음 민원 최소화 목적)
  - 야간에 북쪽에서 접근 시, 청사 상공에 설치된 비행장 등대 불빛 주의
  - 동쪽에서 접근 시 축사 및 민가 민원지역이 다수이므로, 도로 북쪽을 따라 접근
  - 헬기장을 이용 시 24시간 전 사전인가 필수

◆ASI

–	INCHEON TWR 118.2 118.275 118.8	SEOUL APP 119.1 119.75 124.7 120.8

HELIPAD ELEV 20ft/6.0m	Watch Man 125.3	INCHEON GND 121.75 121.7	RKSI RWY 15(L/R)–33(L/R) 16(L/R)–34(L/R)

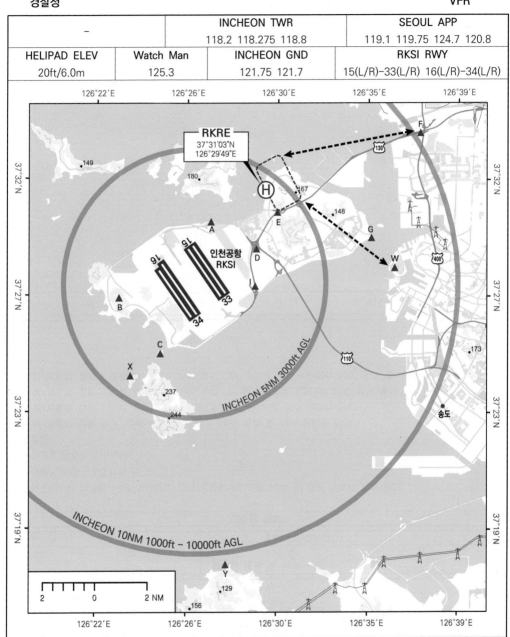

© MapTiler © OpenStreetMap contributors

헬기장 정보

위치 좌표	37°37'3.04"N 126°29'49.58"E	주소지	인천광역시 중구 운서동 2172-1번지
헬기장 표고	20ft/6.0m	전화번호	032-728-8077
편차(VAR)	9° W	관제서비스	–

헬기장 운용 및 지원

PPR	입항 전 24시간 전	연료	JET A-1
운용시간	월 – 일(0000-0900Z)		

입출항 절차

- 인천국제공항 관제권 내에 위치하고 있어 입출항 시 서울 APP 및 인천 TWR 교신 필요
- 이착륙 방향은 14/32 방향으로 실시
- 장주고도 800ft / 100kts
- 입출항
  - 북/북동쪽 입항 : "F" point 경유 1,000ft 이하 통과 후 장주 800ft 진입
  - 남/남동쪽 입항 : "W" point 경유 1,000ft 이하 통과 후 장주 800ft 진입
  - 북/북동쪽 출항 : 이륙 후 500ft 이상 유지 "F" point 경유 1,000ft 이하 통과 후 이탈
  - 남/남동쪽 출항 : 이륙 후 500ft 이상 유지 "W" point 경유 1,000ft 이하 통과 후 이탈

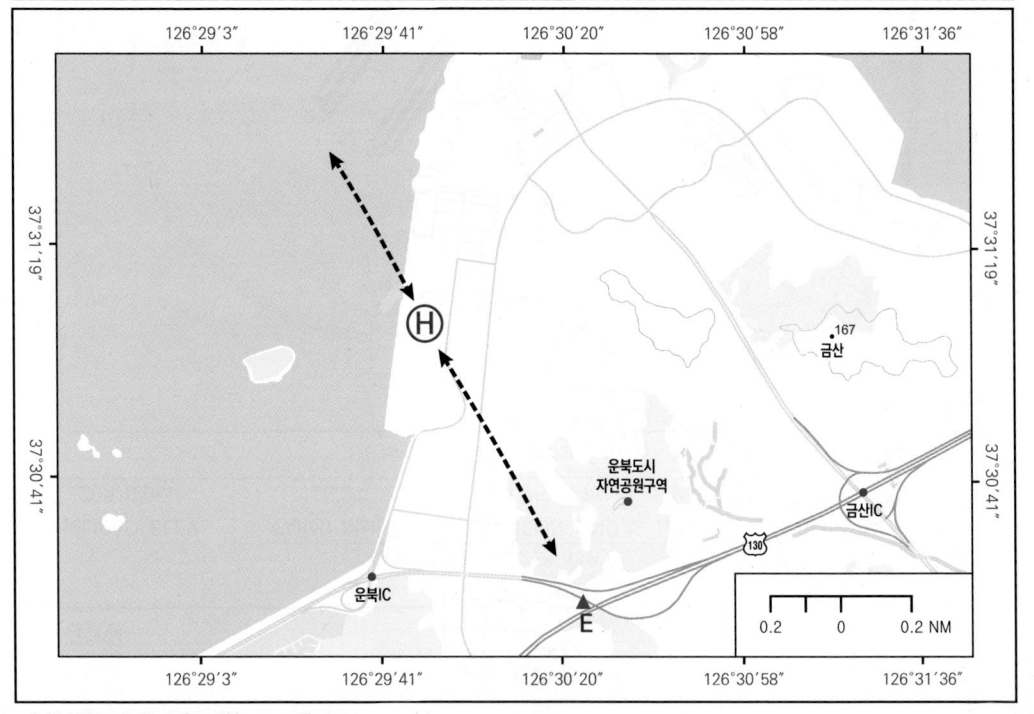

© MapTiler © OpenStreetMap contributors

헬기장 현황			
규격(m)	표면	운용기종	비 고
180 × 45	CON	S-92, Mi-172	

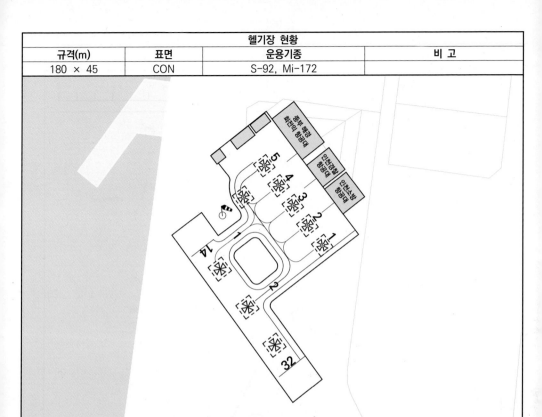

주의 및 참고 사항

- 계류장 최종진입 장소 및 이륙 간 주의사항
  - 최종접근 및 착륙은 미들 멀티스(활주로상 중간 패드)에 실시를 원칙으로 함
  - 32방향 착륙 시 최종 접근단계 무명고지 고려 AGL 500 feet 이상 유지
- 인천공항 비행정보실 PLAN 제출 및 구두확인
- 헬기장 입항 전 인천해양경찰항공대에 통보
  - 입·출항 : 해양경찰항공대 운항실 032) 728-8379
  - 야간 활주로 등화 : 해양경찰항공대 정비반 032) 728-8979
- 기지 입·출항 및 LOCAL 구역 내 운항중인 항공기간 교신을 위해 123.1 주파수 청취
- 북동쪽 해상에 위치한 "저어새 서식지(수하암)"은 민원지역으로 회피하여 비행 수행

HELIPAD ELEV	Watch Man		RKJU RWY
298ft/90.8m	125.3	—	14-32
	JEONJU TWR		GUNSAN APP
—	120.20 346.675		124.1 292.65

ASI

VFR

전주정항

35°45'51"N 127°12'50"E

헬기장 정보

위치 좌표	35°45'52.07"N 127°12'49.81"E	주소지	전라북도 완주군 상관면 춘향로 4641
헬기장 표고	298ft/90.8m	전화번호	063-280-8164 (전북 경찰)
편차(VAR)	8° W	관제서비스	–

헬기장 운용 및 지원

PPR	입항 전 24시간 전	연료	JET A-1
운용시간	월 – 일(0000-0900Z)		

입출항 절차

- 전주시와 임실군 간 17번 국도 및 순천완주(27번) 고속도로와 근접하게 위치하며,
  동서쪽 산악지형으로 이루어짐
- 입출항 방향
  - 북쪽 : 전주역 ↔ 17번 국도 ↔ 신리역에서 HD 155° 헬기장 접근
  - 남쪽 : 관촌 삼거리 ↔ 17번 국도 ↔ 상관 TG에서 HD 350° 헬기장 접근

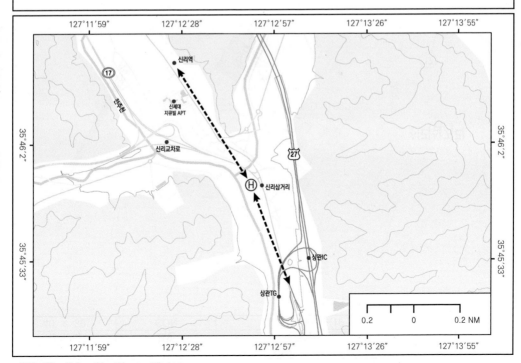

헬기장 현황

규격(m)	표면	운용기종	비고
40 × 30	CON	Mi-172, KUH-1P	

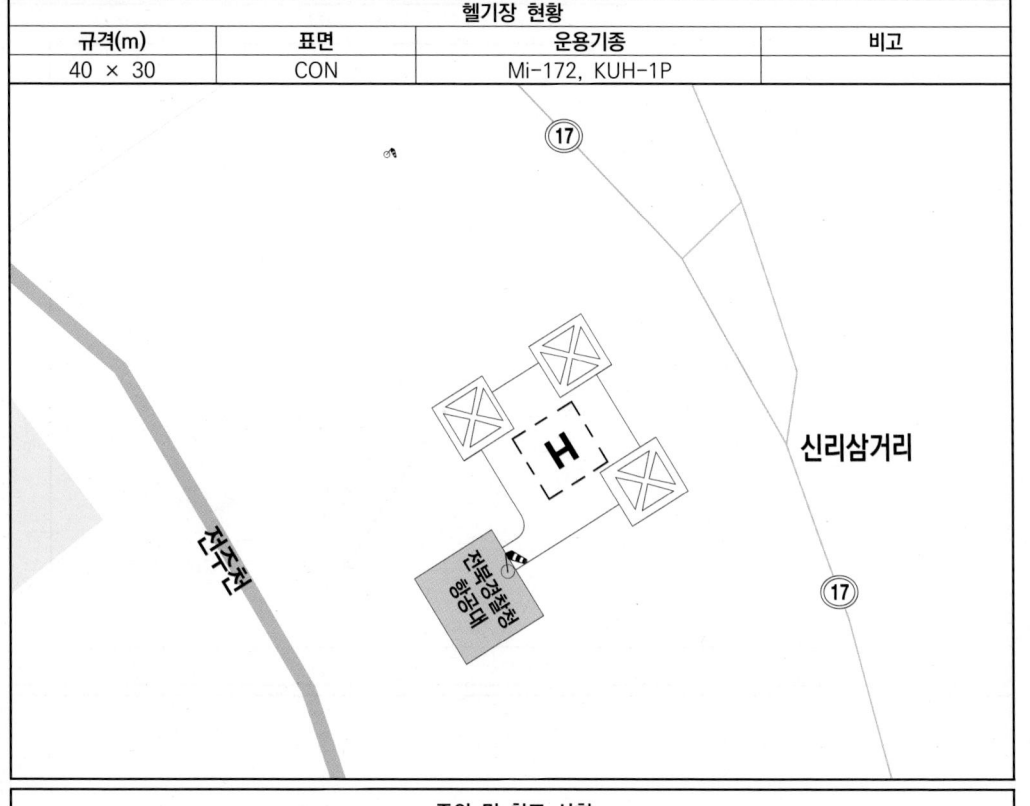

주의 및 참고 사항

- 헬기장 서쪽에 격납고 위치, 동쪽에 복숭아 밭이 있어 남북 방향으로 접근 필요
- 헬기장 남북 방향 인근 주택가 위치로 깊은각 접근 필요
- 전주비행장 보고지점

지점	위치명	경위도 좌표	고도	비고
North	익산 JC	35°56'37.57"N 127°05'19.05"E	1500'	
East	화천대교	35°54'08.29"N 127°07'30.58"E	1500'	
South	김제 IC	35°46'44.57"N 127°00'14.16"E	1500'	
West	목천대교	35°54'42.40"N 126°55'57.38"E	1500'	
Gimje	김제 CC	35°49'53.10"N 126°55'00.64"E	1500'	

–	CHEONGJU TWR 118.7 126.2	JUNGWON APP 134.00

HELIPAD ELEV 933ft/284.5m	Watch Man 125.3	CHEONGJU GND 121.875	RKTU RWY 06(L/R)-24(R/L)

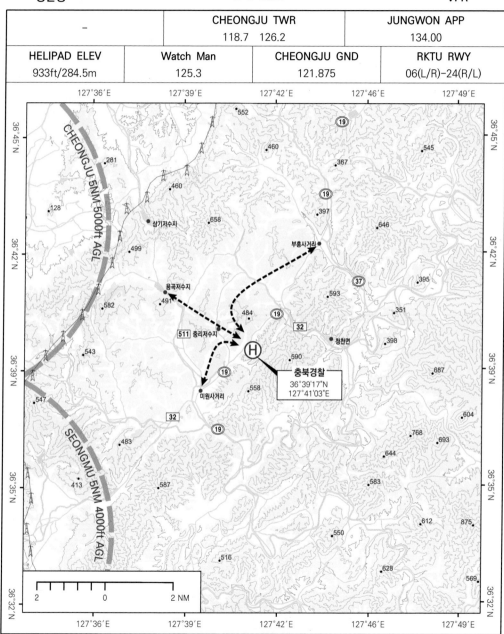

© MapTiler © OpenStreetMap contributors

헬기장 정보

위치 좌표	36°39'16.97"N 127°41'03.30"E	주소지	충북 청주시 상당구 미원면 중리 528
헬기장 표고	933ft/284.5m	전화번호	043-240-3346~51 (충북경찰)
편차(VAR)	9° W	관제서비스	–

헬기장 운용 및 지원

PPR	입항 전 24시간 전	연료	JET A-1
운용시간	월 – 일(0000-0900Z)		

입출항 절차

- 입출항 방향
  - 북쪽 : 부흥사거리 ↔ 19번 국도 ↔ 구방교 ↔ 19번 국도 도로변 헬기장 접근
  - 남쪽 : 미원면 삼거리 ↔ 19번 국도 도로변 헬기장 접근
  - 서쪽 : 용곡저수지 ↔ 중리저수지 남쪽 ↔ 헬기장 접근
- 헬기장 북쪽 격납고 및 동쪽 3층 건물 위치로 남서 ~ 북서쪽 접근 권장

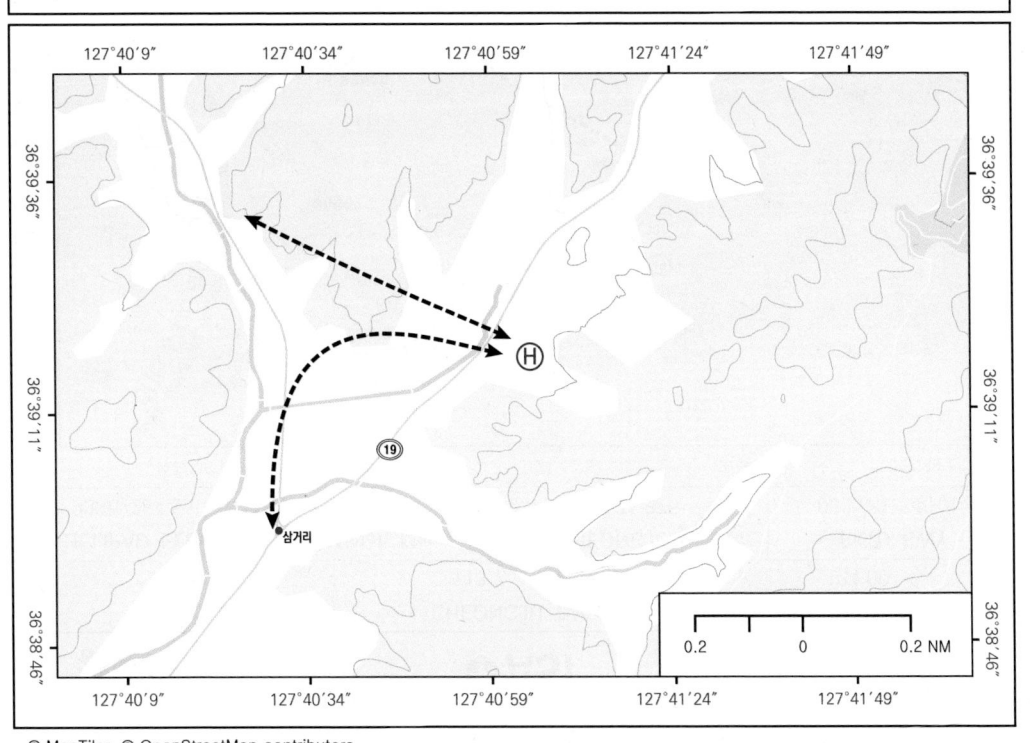

© MapTiler © OpenStreetMap contributors

헬기장 현황			
규격(m)	표면	운용기종	비 고
45 × 55	CON	Mi-172, KUH-1P	

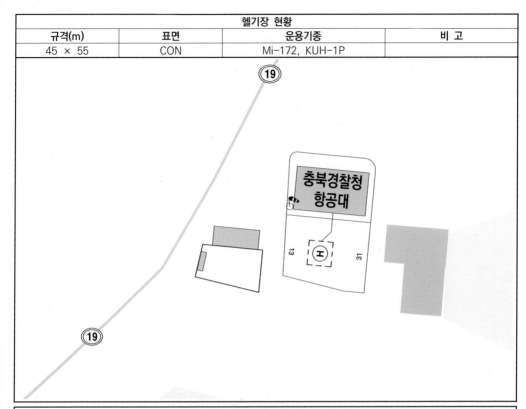

주의 및 참고 사항

- 헬기장 북쪽 격납고 위치, 동쪽 사무실 건물 위치로 서쪽 접근 권장
- 기존 도로쪽 위치했던 헬기장 미 사용
- 풍향계 격납고 옥상에 위치

© MapTiler © OpenStreetMap contributors

36°25'17"N
127°05'19"E
충남경찰

NONSAN 5NM 2000ft AGL

HELIPAD ELEV	Watch Man	NONSAN GND	RKUL RWY
83ft/25.3m	125.3	346.65	11-29

GUNSAN APP	NONSAN TWR	-
124.1 292.65	133.35 30.20	

충남경찰
VFR

ASI

충남경찰
-

헬기장 정보

위치 좌표	36°25'16.67"N 127°05'19.26"E	주소지	충청남도 공주시 봉정길 103-146
헬기장 표고	83ft / 25.3m	전화번호	041-336-2164
편차(VAR)	9° W	관제서비스	–

헬기장 운용 및 지원

PPR	입항 전 24시간 전	연료	JET A-1
운용시간	월 – 일(0000-0900Z)		

입출항 절차

- 입출항 방향
  - 남쪽 : 이인교차로 ↔ 40번 국도 ↔ 봉정교차로에서 헬기장 접근
  - 북쪽 : 공주경찰서 앞 교차로 ↔ 40번 국도 ↔ 검상교차로에서 헬기장 접근
  - 서쪽 : 용곡저수지 ↔ 중리저수지 남쪽 ↔ 헬기장 접근
- 헬기장 서쪽 격납고 및 북쪽 천안고속도로 본사 건물 위치로 북동 ~ 남동쪽 접근 권장

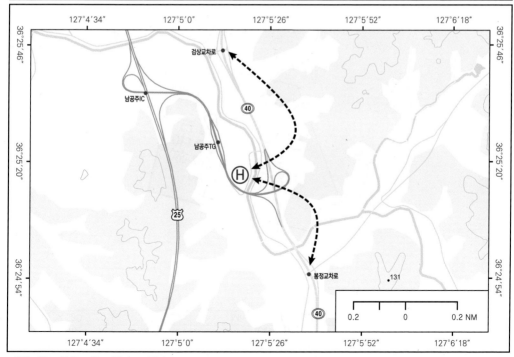

© MapTiler © OpenStreetMap contributors

헬기장 현황			
규격(m)	표면	운용기종	비 고
30 × 30	CON	Mi-172, KUH-1P	

주의 및 참고 사항

- 헬기장 서쪽 격납고 위치 주변 근접하게 도로 위치로 접근 시 주의 필요
- 헬기장 남쪽 풍향계 위치

SANHANG GANGNEUNG	GANGNEUNG TWR		GANGNEUNG APP
122.0	126.2 236.6 238.0		124.6 304.0
HELIPAD ELEV	Watch Man	GANGNEUNG GND	RKNN RWY
17ft/5.2m	125.3	126.2	08-26

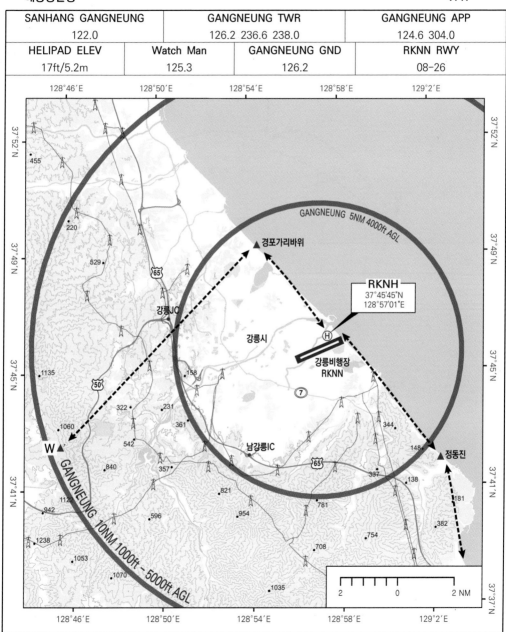

헬기장 정보			
위치 좌표	37°45'43.16"N 128°57'1.38"E	주소지	강원 강릉시 남항진동 공항길 142-10
헬기장 표고	17ft/5.2m	전화번호	033-650-2002
편차(VAR)	9° W	관제서비스	VFR

헬기장 운용 및 지원			
PPR	입항 전 24시간 전	연료	JET A-1
운용시간	월 – 일(0000-0900Z)		

입출항 절차

- 강릉비행장 5NM 밖에서 TWR 교신
- 관리소 입항 2마일 전 강릉항공관리소(산항 강릉)와 무선 교신 철저
- 착륙은 MAIN PAD 실시하며, 산림항공 PAD 항공기 계류 시 5번 또는 6번 PAD 착륙
- 주변 민원 발생 지역 회피를 위해 Steep App 권장
- 출항 전 강릉 TWR에 출항 허가 후 동쪽 또는 서쪽 항로로 이륙
- 주변 민원 발생 지역 회피를 위해 최대 동력 이륙 권장
- 입출항 경로
  - 북쪽 : 경포(500' 이하)에서 강릉 TWR 교신
  - 남쪽 : 정동진(1000'이하) 강릉 TWR 교신 ↔ 안인진(500' 이하) 경유 진입
  - 서쪽 : 대관령에서 강릉 TWR 교신 ↔ 경포 경유 진입

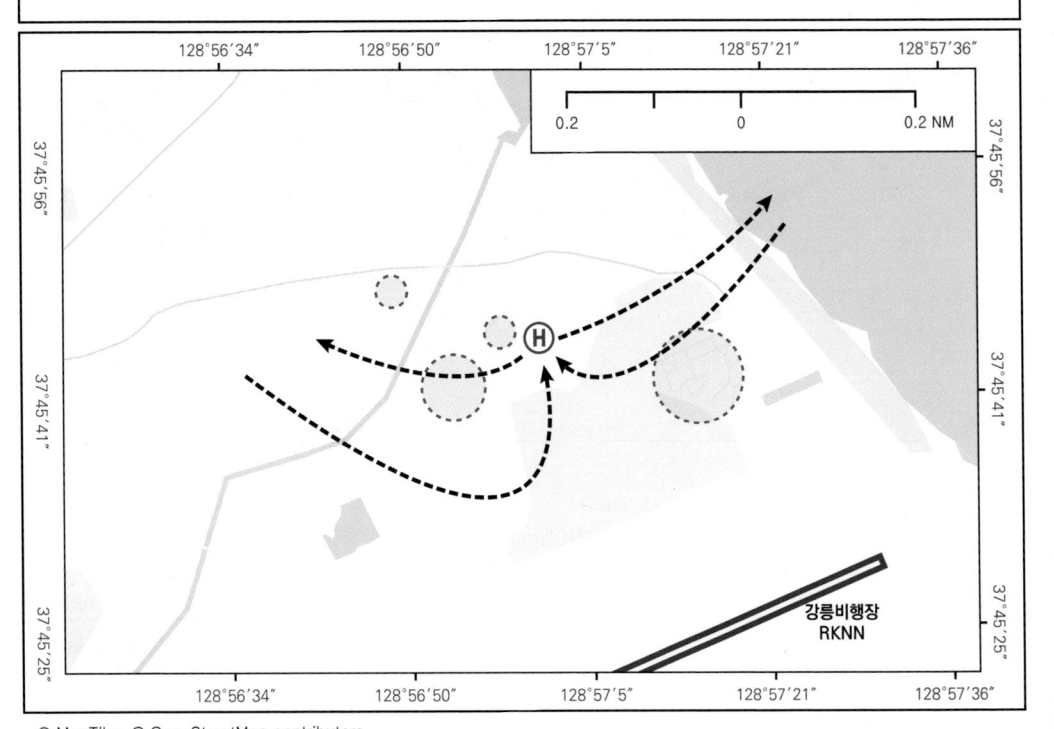

© MapTiler © OpenStreetMap contributors

헬기장 현황			
규격(m)	표면	운용기종	비고
120 × 60	CON	KA-32, AS-565	

주의 및 참고 사항

• 강릉 비행장 Checkpoint 정보

지점	위치명	경위도 좌표	고도
West Point	강원 VORTAC	37°42'02.60"N 128°45'13.58"E	4000'
경포	경포가라바위	37°48'45.78"N 128°53'58.36"E	1000'
안인진	안안진 해변	37°44'23.10"N 128°59'12.47"E	500'
정동진	정동진 역	37°41'31.08"N 129°01'56.10"E	1000'

© MapTiler © OpenStreetMap contributors

RKJG 35°58'39"N 126°37'35"E

GUNSAN 5NM 5000ft AGL

GUNSAN 10NM 1000ft - 5000ft AGL

R-97B

R-111

R-97A

2 NM

126°28'E 126°32'E 126°36'E 126°39'E 126°43'E

35°58'N 36°2'N 36°6'N 36°10'N

HELIPAD ELEV	Watch Man	GUNSAN GND	RKJK RWY
26ft/7.9m	125.3	123.5 273.525	18-36
-	GUNSAN TWR		GUNSAN APP
	126.5 292.3		124.1 292.65

RKJG
군산 해양경찰청
VFR

헬기장 정보

위치 좌표	35°58'39.41"N 126°37'35.44"E	주소지	전라북도 군산시 임해로 442-1
헬기장 표고	26ft/7.9m	전화번호	061-288-2886
편차(VAR)	9° W	관제서비스	VFR

헬기장 운용 및 지원

PPR	입항 전 24시간 전	연료	JET A-1
운용시간	월 – 일(0000-0900Z)		

입출항 절차

- 군산공항 관제권내에 위치하고 있어 5NM 진입 전 군산 TWR 교신 및 위치보고 수행
- 서남쪽 : 현대중공업 ↔ 해경 전용 부두 경유 고도 200ft 이하로 깊은각 접근
- 동쪽 : 금강 하구둑 ↔ 유부도 상공 ↔ 해경 전용 부두 경유 후 깊은각 접근
- 북쪽 : 춘장해수욕장 ↔ 유부도 상공 ↔ 해경 전용 부두 경유 후 깊은각 접근
- 유부도 경유 이탈 및 군산공항 장주 항공기 공중경계 철저
- 입항 방향 역방향으로 출항 후 목적지로 비행

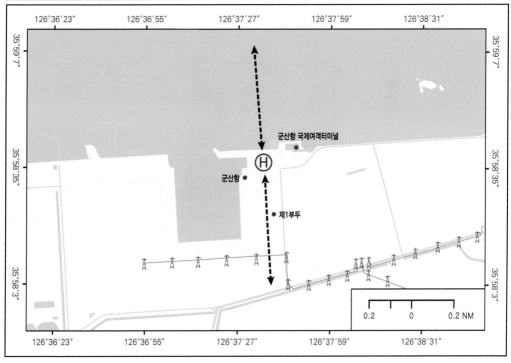

143

헬기장 현황			
규격(m)	표면	운용기종	비 고
45 × 60	ASP	KA-32, AS-565	

주의 및 참고 사항

• 주의사항

– 헬기장 주변 관제탑 및 다수의 조명시설이 설치되어 있어 입출항 시 주의 필요

ASI

–		INCHEON TWR		SEOUL APP	
		118.2 118.275 118.8		119.1 119.75 124.7 120.8	
HELIPAD ELEV	**Watch Man**	**INCHEON GND**		**RKSI RWY**	
20ft/6.0m	125.3	121.75 121.7		15(L/R)–33(L/R) 16(L/R)–34(L/R)	

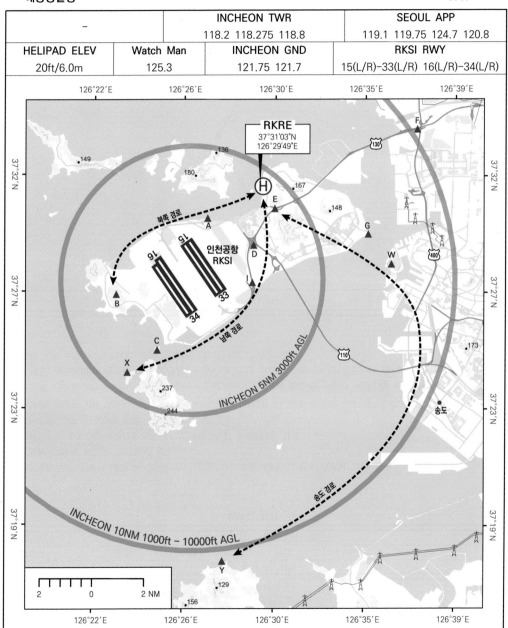

헬기장 정보

위치 좌표	37°37'3.04"N 126°29'49.58"E	주소지	인천광역시 중구 운서동 2172-1번지
헬기장 표고	20ft/6.0m	전화번호	032-728-8077
편차(VAR)	9° W	관제서비스	VFR

헬기장 운용 및 지원

PPR	입항 전 24시간 전	연료	JET A-1
운용시간	월 – 일(0000-0900Z)		

입출항 절차

- 인천국제공항 관제권 내에 위치하고 있어 입출항시 서울 APP 및 인천 TWR 교신 필요
- 이착륙 방향은 14/32 방향으로 실시
- 비행장주는 1000ft 미만으로 헬기장 32방향 기준 우측 장주 사용
- 인천공항 주변 도서지역 운항 시 비행경로 및 고도
  - 북쪽 경로(300ft 이하) : 영종헬기장 ↔ 'A'(삼목선착장) ↔ 북측 방조제 ↔ 'B"(을왕리) ↔ 도서 지역
  - 남쪽 경로(300ft 이하) : 영종헬기장 ↔ 'I'(산불IC) ↔ 남측 방조제 ↔ 'X"(실미도) ↔ 도서 지역
  - 송도 경로(500ft 이하) : 영종헬기장 ↔ 'W'(월미도) ↔ 송도 ↔ 'Y"(영흥도) ↔ 도서지역
- 도서 지역 이외의 지역으로 운항 시 인천공항 위치보고 지점 참조

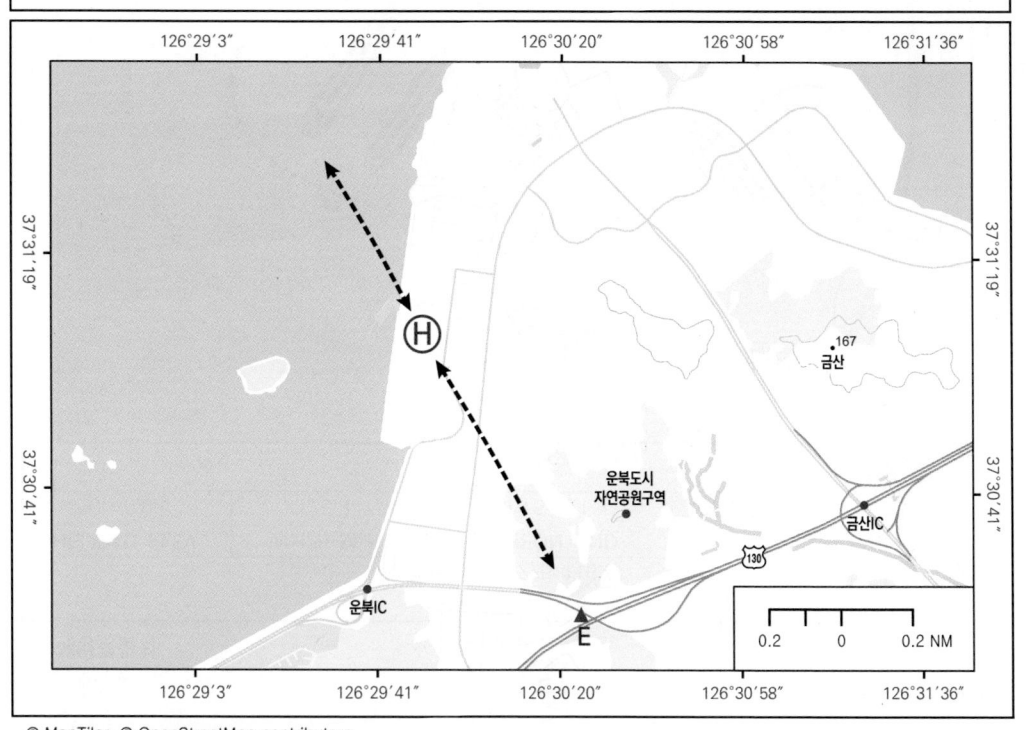

© MapTiler © OpenStreetMap contributors

헬기장 현황

규격(m)	표면	운용기종	비 고
180 × 45	CON	S-92, AW-139	

인천공항 보고지점

지점	위치명	경위도 좌표	비고
A	삼목선착장	37°29'59"N 126°27'13"E	R084 NCN/D1.1
B	을왕리	37°27'09"N 126°22'51"E	R230 NCN/D3.5
C	잠진도	37°25'05"N 126°24'51"E	R197 NCN/D4.6
D	공항신도시 IC	37°28'59"N 126°29'24"E	R112 NCN/D3
E	공항입구 IC	37°30'21"N 126°30'24"E	R087 NCN/D4
F	북인천 IC	37°33'19"N 126°37'13"E	R076 NCN/D1 R277 KIP/D8.2
I	신불 IC	37°27'25"N 126°29'23"E	R137 NCN/D3.6
J	조남분기점	37°22'13"N 126°52'06"E	R169 KIP/D12
K	서운분기점	37°31'25"N 126°45'06"E	R231 KIP/D3
N	개화산	37°35'05"N 126°48'17"E	R049 KIP/D1.6
R	행주대교	37°36'10"N 126°48'49"E	R030 KIP/D2.4
S	소래	37°23'40"N 126°44'39"E	R201 KIP/D10
T	송산	37°28'53"N 126°33'19"E	R106 NCN/D6
W	월미도	37°28'10"N 126°35'53"E	R248 KIP/D10.8 R108 NCN/D8.2
X	실미도	37°24'15"N 126°23'25"E	R207 NCN/D5.8
Y	영흥도	37°17'15"N 126°28'00"E	R180 NCN/D12.6
Z	시화방조제	37°20'00"N 126°41'20"E	R137 NCN/D15.7

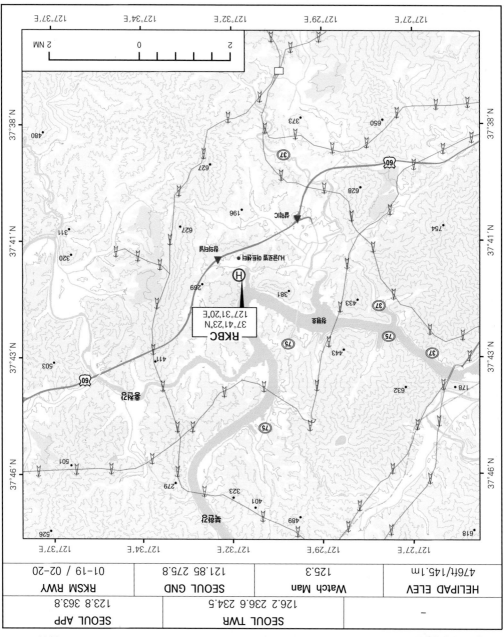

© MapTiler © OpenStreetMap contributors

SEOUL APP	SEOUL TWR		
123.8 363.8	126.2 236.6 234.5		–
HELIPAD ELEV	Watch Man	SEOUL GND	RKSM RWY
476ft/145.1m	125.3	121.85 275.8	01-19 / 02-20

RKBC
가평 HJ소방대헬기장

♦ ASI

VFR
용인 헬기기장

RKBC
37°41'23"N
127°31'20"E

헬기장 정보

위치 좌표	37°41'23.49"N 127°31'19.61"E	주소지	가평군 설악면 미사리로 267-177
헬기장 표고	476ft / 145.1m	전화번호	031-589-4683(업무팀)
편차(VAR)	8° W	관제서비스	-

헬기장 운용 및 지원

PPR	입항 전 24시간 전	연료	-
운용시간	월 - 일(0000-0900Z)		

헬기장 현황

규격(m)	표면	운용기종	비고
27.2 × 27.2	CON	EC-225, AW-139, KUH-1	

입출항 절차 및 주의 사항

- HJ 국제병원 남쪽 건축물 옥상에 헬기장 위치
- 헬기장 동쪽 돌출 구조물 및 격납고 입출항 시 주의
- 헬기장 동쪽 및 서쪽 산악 지형으로 남북방향 접근 권장
- 청평호 따라 접근 후 병원 시설 참고하여 남쪽바향 접근 또는 서울양양고속도로(60번) 창의터널 경유 HJ 글로벌 아트센터 참조 북쪽방향으로 접근

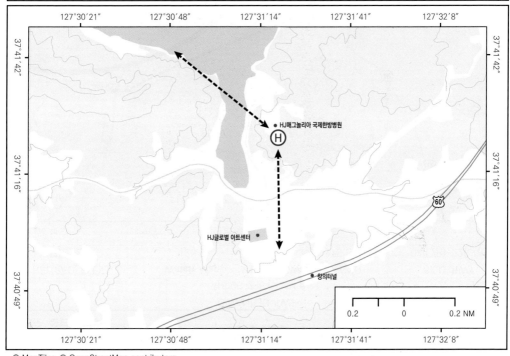

VFR
유상 헬기장

ASI

광주 진남대학교병원

150

© MapTiler © OpenStreetMap contributors

HELIPAD ELEV	Watch Man	GWANGJU GND	RKJJ RWY
403ft/123m	125.3	121.8 275.8	04(L/R)-22(L/R)

GWANGJU TWR	GWANGJU APP
118.05 236.6 254.6	124.475 130.0 228.9 319.2

전남대학교병원
35°08'26"N
126°55'21"E

RKJJ
공군기지

헬기장 정보

위치 좌표	35°08'25.95"N 126°55'21.11"E	주소지	광주광역시 동구 학동 제봉로 42
헬기장 표고	403ft/123m	전화번호	061-220-4992
편차(VAR)	8° W	관제서비스	–

헬기장 운용 및 지원

PPR	입항 전 24시간 전	연료	–
운용시간	월 – 일(0000-0900Z)		

헬기장 현황

규격(m)	표면	운용기종	비고
27.2 × 27.2	CON	EC-225, AW-139, KUH-1	

입출항 절차 및 주의 사항

- 광주공항 APP 관제권 내에 위치하여 입출항 시 광주 APP 및 TWR 교신 철저
- 광주공항 헬리콥터 입출항 절차 및 보고지점 준수
- 헬기장 남쪽 고층 아파트(250ft) 소음 민원 주의 회피 필요
- 북쪽 방향 진입 시 헬기장 건축물 엘리베이터 타워 주의 접근
    - 북쪽방향 : 국립아시아문화전당 → 병원 방면 HD 165°
    - 남쪽/동쪽 : 원지교사거리 → 병원 방면 HD 340° / 조선대학교 본관 북동쪽으로 우회

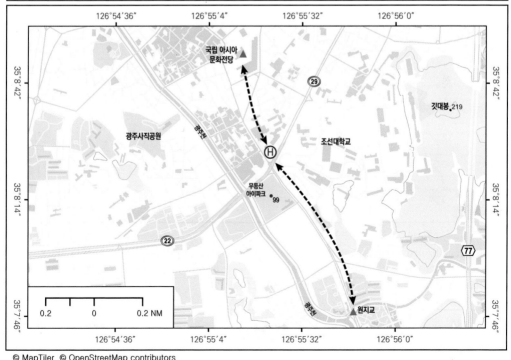

© MapTiler © OpenStreetMap contributors

151

© MapTiler © OpenStreetMap contributors

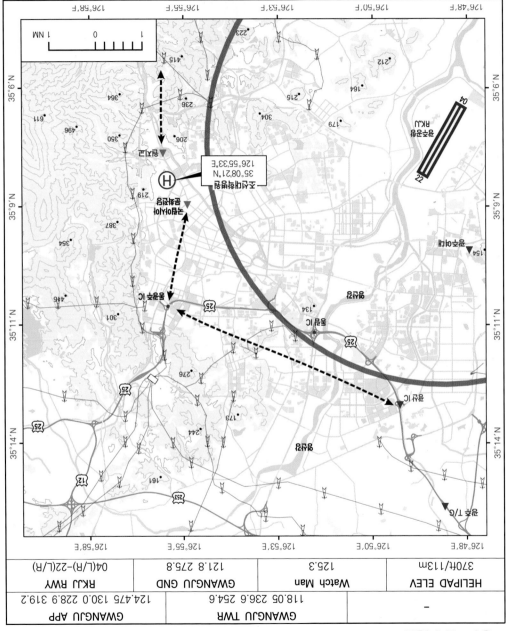

광주 조선대학교병원

🏥 ASI

위성 헬기장
VFR

HELIPAD ELEV	Watch Man	GWANGJU GND	RKJU RWY
370ft/113m	125.3	121.8 275.8	04(L/R)-22(L/R)

GWANGJU TWR			GWANGJU APP
118.05 236.6 254.6			124.475 130.0 228.9 319.2

-	-

헬기장 정보

위치 좌표	35°08'20.78"N 126°55'33.22"E	주소지	광주광역시 동구 필문대로 365
헬기장 표고	370ft/113m	전화번호	062-220-3394
편차(VAR)	8° W	관제서비스	–

헬기장 운용 및 지원

PPR	입항 전 24시간 전	연료	–
운용시간	월 - 일(0000-0900Z)		

헬기장 현황

규격(m)	표면	운용기종	비고
15 × 15	CON	AW-109, H-135	FATO 미확보로 제한적 운용

입출항 절차 및 주의 사항

- 광주공항 관제권 내에 위치하여 입출항 시 광주 APP 및 TWR 교신 철저
- 광주공항 헬리콥터 입출항 절차 및 보고지점 준수
- 헬기장 서쪽 고층 아파트(250ft) 소음 민원 주의 회피 필요
- 헬기장 주변 장애물 고려 남동쪽 ↔ 북서쪽 방향 입출항 권장

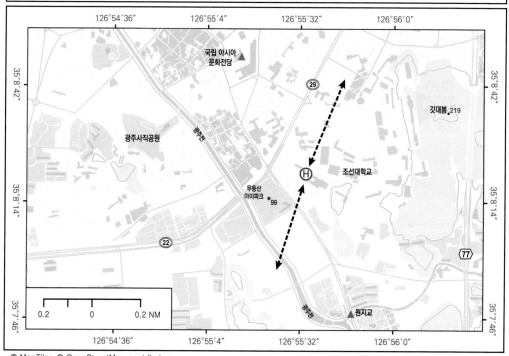

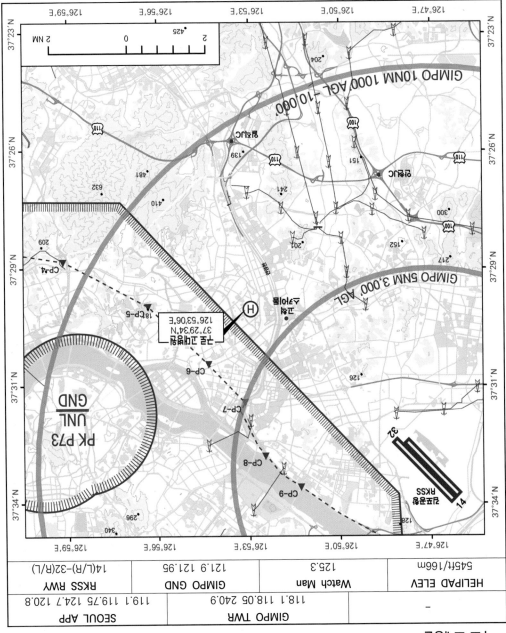

© MapTiler © OpenStreetMap contributors

고촌 대병원
-

🔷 ASI

VFR
유상 헬기장

GIMPO 10NM 1000'AGL -10,000'

GIMPO 5NM 3,000' AGL

PK P73
UNL
GND

고촌 대병원
37°29'34"N
126°53'06"E

RKSS
김포공항

HELIPAD ELEV	Watch Man	GIMPO GND	RKSS RWY
545ft/166m	125.3	121.9 121.95	14(L/R)-32(R/L)
GIMPO TWR		SEOUL APP	
118.1 118.05 240.9		119.1 119.75 124.7 120.8	

헬기장 정보

위치 좌표	37°29'33.51"N 126°53'5.75"E	주소지	서울 구로구 구로동로 148
헬기장 표고		전화번호	02-2626-1119
편차(VAR)	8° W	관제서비스	–

헬기장 운용 및 지원

PPR	입항 전 24시간 전	연료	–
운용시간	월 – 일(0000-0900Z)		

헬기장 현황

규격(m)	표면	운용기종	비고
28 × 15.6	CON	AW-139, S-76	

입출항 절차 및 주의 사항

- 김포공항 활주로 32방향 최종접근 5NM 지점에 위치하여 입출항 시 서울 APP 및 김포 TWR 교신 철저
- 김포공항 최종 접근로 진출입 시 김포 TWR 사전 인가 필요
- 주변 아파트 단지 소음 민원 발생 주의
- 헬기장 동·서쪽 건축물 돌출로 남북 방향 접근 권장

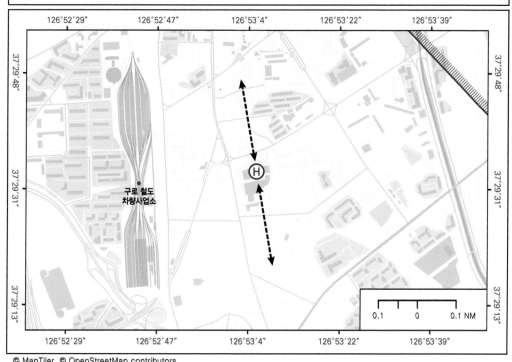

VFR
운항 필요기장

ASI

HELIPAD ELEV	Watch Man	DAEGU GND	RKTN RWY
282ft/86m	125.3	121.95 275.8	13(L/R)-31(R/L)

	DAEGU TWR	DAEGU APP
-	126.2 236.6 365.0	135.9 346.3

© MapTiler © OpenStreetMap contributors

헬기장 정보

위치 좌표	35°51'58.85"N 128°36'13.57"E	주소지	대구광역시 중구 동덕로 130
헬기장 표고	m / ft	전화번호	053-200-6167
편차(VAR)	8° W	관제서비스	

헬기장 운용 및 지원

PPR	입항 전 24시간 전	연료	–
운용시간	월 – 일(0000-0900Z)		

헬기장 현황

규격(m)	표면	운용기종	비고
25 × 25	에폭시	EC-225, AW-139, KUH-1	

입출항 절차 및 주의 사항

- 대구공항 관제권 내에 위치하고 있어 입출항 시 대구 TWR 교신 및 입출항 준수 철저
- 입항 절차
  - 동쪽 : CP "D"에서 대구 TWR 교신 → 수성교에서 경북대 병원역 사거리 방면으로
    HDG 300° → 사거리에서 HDG 360°로 접근
  - 북쪽 : CP "C"에서 대구 TWR → 대구역 방면으로 HDG 150°

- 출항절차 : 입항절차 역순

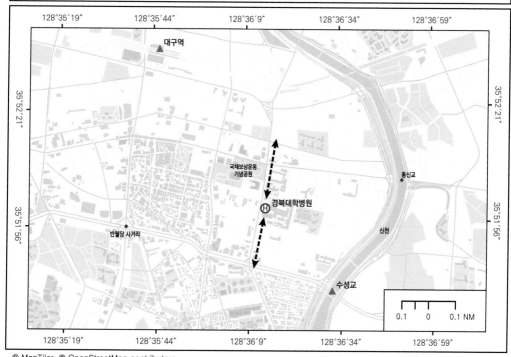

© MapTiler © OpenStreetMap contributors

© MapTiler © OpenStreetMap contributors

대구 실비행장

VFR
대구 헬기장

❖ASI

HELIPAD ELEV	Watch Man	DAEGU GND	RKTN RWY
397ft/121m	125.3	121.95 275.8	13(L/R)-31(R/L)
DAEGU TWR		DAEGU GND	DAEGU APP
–	126.2 236.6 365.0		135.9 346.3

35°44.'N
35°47.'N
35°50.'N
35°53.'N
35°57.'N

128°28'E 128°31'E 128°34'E 128°38'E 128°41'E

2   0   2 NM

DAEGU 5NM 4000' AGL

대구 실비행장
35°49'57"N
128°33'13"E

대구공항
RKTN

TN-D
TN-C

31
13

906
432
490
794
659
634
604
334
200
568
193
382
278
427
196
251
300
199
274
191
365
400
389
55
H

헬기장 정보

위치 좌표	35°49'56.60"N 128°33'12.68"E	주소지	대구광역시 달서구 월배로 436
헬기장 표고	397ft/121m	전화번호	
편차(VAR)	8° W	관제서비스	

헬기장 운용 및 지원

PPR	입항 전 24시간 전	연료	–
운용시간	월 – 일(0000-0900Z)		

헬기장 현황

규격(m)	표면	운용기종	비고
25 × 25	에폭시	EC-225, AW-139, KUH-1	

입출항 절차 및 주의 사항

- 대구공항 관제권 내에 위치하고 있어 입출항 시 대구 TWR 교신 및 입출항 준수 철저
- 헬기장 옥상 북동쪽 엘리베이터 타워로 설치로 입출항 시 주의 필요
- 입출항 방향은 동쪽을 제외하고 가능함

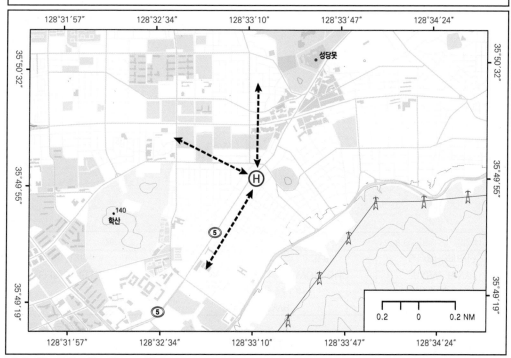

159

© MapTiler © OpenStreetMap contributors

OSAN 5NM 2,200' AGL

SUWON 5NM 4,000' AGL

응급 상사시설장
37°12'59"N
127°04'48"E

수원비행장
RKSW

응급 헬기장			
ASI	VFR		
OSAN APP	SUWON TWR		-
127.9 234.3	126.2 236.6 244.4		
HELIPAD ELEV	Watch Man	SUWON GND	RKSW RWY
443ft/135m	125.3	275.8	5L(R)-33(R/L)

응급 헬기장

헬기장 정보

위치 좌표	37°12'59.05"N 127°04'48.27"E	주소지	경기 화성시 큰재봉길 7
헬기장 표고	443ft/135m	전화번호	031-8086-2022
편차(VAR)	8° W	관제서비스	–

헬기장 운용 및 지원

PPR	입항 전 24시간 전	연료	–
운용시간	월 – 일(0000-0900Z)		

헬기장 현황

규격(m)	표면	운용기종	비고
15 × 15	CON	AW-109, H-135	

입출항 절차 및 주의 사항

- 수원비행장 관제권 내에 위치하여 입항 전 CP "A" 또는 CP "B"에서 TWR 교신 필수
- 북쪽 입출항 시 CP "B" 경유 접근 및 이탈
- 남쪽 입출항 시 CP "A" 경유 접근 및 이탈
- 헬기장 북동쪽 변전시설 및 고압선, 한국지역난방공사 굴뚝 등이 위치하고 있어 접근 시 주의 필요
- 헬기장 옥상 동쪽 구조물 설치로 동쪽 접근 불가
- 입출항 방향은 북서쪽 및 남동쪽 권장

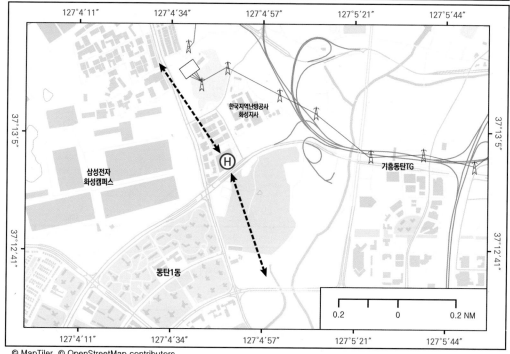

대전 동기지원

ASI

응급 헬기장

VFR

HELIPAD ELEV	Watch Man	NONSAN GND	RKUL RWY
400ft/122m	125.3	346.65	11-29

NONSAN TWR		GUNSAN APP
–	133.35 30.20	124.1 292.65

S

등기지원군
36°21′19″N
127°10′25″E

H

서대교 · 연봉대교
대교지 · 연봉공원
대교지 · 정암공원 · 정암대교

E

N

W

P-65A 8000ft↑

1 NM scale bar

P-65A 8000ft

Elevation points: 267, 457, 263, 300, 265, 164, 138, 251, 163, 202, 232, 335, 200, 319, 137, 144, 251, 399, 357, 424, 179, 314, 251, 30, 185, 365, 331, 259

Coordinates: 36°16′N, 36°19′N, 36°21′N, 36°23′N, 36°25′N
127°18′E, 127°21′E, 127°23′E, 127°25′E, 127°27′E

헬기장 정보

위치 좌표	36°21'19.69"N 127°22'56.61"E	주소지	대전광역시 서구 둔산서로 95
헬기장 표고	73m / ft	전화번호	042-259-1134
편차(VAR)	8° W	관제서비스	–

헬기장 운용 및 지원

PPR	입항 전 24시간 전	연료	–
운용시간	월 – 일(0000-0900Z)		

헬기장 현황

규격(m)	표면	운용기종	비고
27.2 × 27.2	CON	EC-225, AW-139, KUH-1	

입출항 절차 및 주의 사항

- 입항 절차
  - 북동쪽/남동쪽 : 유등천(1000ft)을 따라 → 한밭 주도로 → 모정네거리 방면으로 HDG 260°
  - 북서쪽/남서쪽 : 갑천(1000ft)을 따라 → 한밭 주도로 → 갈마공원 네거리방면으로 HDG 120°

- 참고점
  - N : 화덕 IC, W : 유성 IC, E : 대전 IC, S : 안영 IC

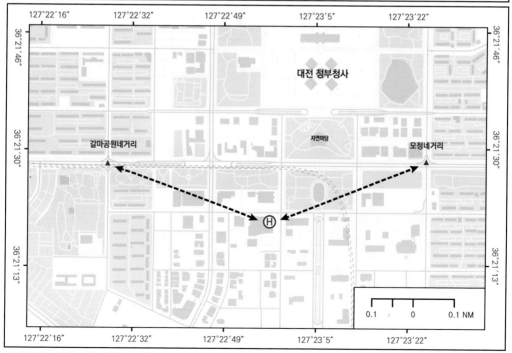

© MapTiler © OpenStreetMap contributors

2 NM ┊ 0 ┊ 2

MOKPO 5NM 3,000' AGL

JM-A
JM-B
JM-C
JM-D
JM-D-1

RKJM 속성비행장
06
24

헬리패드
34°48'35"N
126°24'59"E

HELIPAD ELEV	Watch Man	MOKPO GND	RKJM RWY
134ft/41m	125.3	134.4 133.35	06-24
-			
GWANGJU APP	MOKPO TWR		
124.475 130.0 228.9 319.2	134.4 133.35 235.1 252.1		

속성 헬기장

❖ ASI

VFR

130
183
228
157
187
191
252
207
156
230
158
188
294
318
227
231
248
204
271

헬기장 정보

위치 좌표	36°21'19.40"N 127°10'25.39"E	주소지	전남 목포시 영산로 483
헬기장 표고	m / ft	전화번호	061-270-5500
편차(VAR)	8° W	관제서비스	–

헬기장 운용 및 지원

PPR	입항 전 24시간 전	연료	–
운용시간	월 – 일(0000-0900Z)		

헬기장 현황

규격(m)	표면	운용기종	비고
15 × 18	CON	AW-109, H-135	

입출항 절차 및 주의 사항

- 목포비행장 관제권 내에 위치하여 입출항 시 목포 TWR 관제 철저
- 북쪽/동쪽 입항 시 터미널사거리를 통과하여 병원으로 접근
- 남쪽/서쪽 입항 시 과학대삼거리를 통과하여 병원으로 접근
- 출항 시 장애물 회피 후 지정된 방향으로 출항(CP "A" 또는 "B" 또는 "C" 는 반드시 통과)
  ※ 참고 지점 : A(압해대교), B(임성리역), C(목포공고)
- 아파트 단지 상공 통과 시 소음민원지역 우회
- 병원 옥상 물건 유의 및 이착륙장 북서쪽 양을산 우회

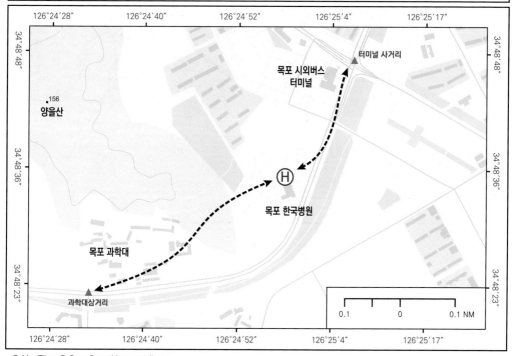

© MapTiler © OpenStreetMap contributors

김해대대항공

◆ ASI

유상 헬기장
VFR

35°06'02"N
129°01'03"E
김해대대항공

CP B
CP G
PK-D • 252
• 396
유상항
• 211
• 497
• 505
PK-B • 244
• 479
• 401
• 427
• 643
• 185
• 507
• 104
• 36
김해공항
RKPK
• 18
• 243
• 363
• 801
• 238
• 745
• 409
• 518
PK-A
PK-C • 339
• 274
• 180
• 640
• 317
• 381
• 527
• 377
• 393
• 10
PK-E • 311
• 631
• 281
• 141
• 801
• 600
• 600
• 349
• 459
• 600
PK-G
• 605
• 605
• 535
• 533
• 463
• 494
• 702
• 378
• 265
• 459
• 312
• 218

GIMHAE 5NM 3000' AGL
JINHAE 5NM 3000' AGL

2 NM   0   2

HELIPAD ELEV	Watch Man	GIMHAE GND	RKPK RWY
202ft/61.5m	125.3	121.9 275.8	18(L/R)-36(R/L)

GIMHAE APP	GIMHAE TWR		–
125.5 364.0	118.1 118.45 233.3 236.6		

헬기장 정보

위치 좌표	35°06'02.56"N 129°01'03.85"E	주소지	부산광역시 서구 아미동 구덕로 179
헬기장 표고	202ft/61.5m	전화번호	051-240-7000
편차(VAR)	8°W	관제서비스	–

헬기장 운용 및 지원

PPR	입항 전 24시간 전	연료	–
운용시간	월 – 일(0000-0900Z)		

헬기장 현황

규격(m)	표면	운용기종	비고
25 × 25	CON	EC-225, AW-139, KUH-1	

입출항 절차 및 주의 사항

- 김해공항 관제권 내에 위치하여 입항 전 김해 APP 및 TWR 교신 철저
- 입항절차
  - 동쪽/북쪽 : CP "G"에서 김해 TWR 교신 → 부산항 → 용두산 공원 HDG 280° 접근
  - 서쪽 : CP "B"에서 김해 TWR 교신 → 공동묘지 HDG 090° 접근
- 출항절차 : 이륙 후 김해 TWR 교신 후 출항 방향으로 이동

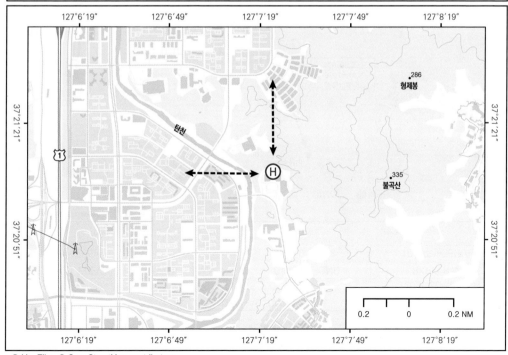

© MapTiler © OpenStreetMap contributors

안심이공항

VFR

응시 필기장

✈ ASI

HELIPAD ELEV	Watch Man	GIMHAE GND	RKPK RWY
423ft/129m	125.3	121.9 275.8	18(L/R)-36(R/L)

-	GIMHAE TWR		GIMHAE APP
-	118.1 118.45 233.3 236.6		125.5 364.0

D(태종대)

252 152 396 326 211 을숙도

224 392 안심역 545 405 505

427 256 641 634 399 309 317 640 381

35°11'14"N
129°03'33"E
안심이공항

GIMHAE 5NM 3000' AGL

안심역

2 NM   0   2

35°3'N 35°7'N 35°10'N 35°13'N

128°54'E 128°58'E 129°1'E 129°5'E 129°8'E

헬기장 정보

위치 좌표	35°11'14.25"N 129°03'33.10"E	주소지	부산 연제구 월드컵대로 359
헬기장 표고	423ft/129m	전화번호	
편차(VAR)	8° W	관제서비스	–

헬기장 운용 및 지원

PPR	입항 전 24시간 전	연료	–
운용시간	월 – 일(0000-0900Z)		

헬기장 현황

규격(m)	표면	운용기종	비고
25 × 25	CON	EC-225, AW-139, KUH-1	

입출항 절차 및 주의 사항

- 김해공항 관제권 내에 위치하여 입출항 시 김해 APP 및 TWR 교신 철저
- 헬기장 주변 산악지형 및 고층 아파트, 송전선로 및 철탑 등이 위치하고 있어 주의 필요
- 헬기장 옥상 난간 및 동서쪽 구조물 주의 필요
- 주변 장애물 고려 헬기장 북쪽 부산아시아드 주 경기장 상공 경유 입출항 권장

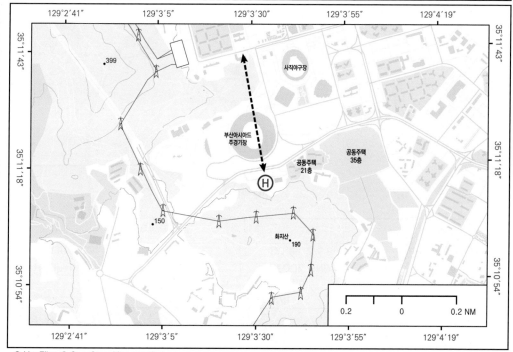

© MapTiler © OpenStreetMap contributors

운상 헬기장
VFR

ASI

공용 사용대기장
−

공용 사용대기장 −			
HELIPAD ELEV 443ft/135m	Watch Man 125.3	SEOUL GND 121.85 275.8	RKSM RWY 01-19 / 02-20
−	SEOUL TWR 126.2 236.6 234.5		SEOUL APP 123.8 363.8

2 NM   0   2

R35 2500 GND

YONGIN 3NM 1,500' AGL
SEOUL 5NM 4,000' AGL
SUWON 5NM 4,000' AGL

공용 사용대기장
37°21'08"N
127°07'23"E
IP-B

South
신갈 JC

용인비행장 RKRY
수원비행장 RKSW
서울공항 RKSM

127°0'E 127°3'E 127°6'E 127°9'E 127°12'E
37°17'N 37°20'N 37°23'N 37°26'N

© MapTiler © OpenStreetMap contributors

170

헬기장 정보

위치 좌표	37°21'08.18"N 127°07'23.51"E	주소지	성남시 분당구 구미로173번길 82
헬기장 표고	443ft/135m	전화번호	02-3270-7222
편차(VAR)	8° W	관제서비스	–

헬기장 운용 및 지원

PPR	입항 전 24시간 전	연료	–
운용시간	월 – 일(0000-0900Z)		

헬기장 현황

규격(m)	표면	운용기종	비고
14 × 14	에폭시	AW-109, H-135	FATO 미확보로 제한적 운용

입출항 절차 및 주의 사항

- 서울비행장 관제권 인근에 위치하여 입항 전 서울 TWR 교신 철저
- 서울비행장 "IP-B" 지점과 근접하여 서울공항 입출항 항공기 경계 철저
- 헬기장 동쪽 산악지형(불곡산) 및 헬기장 옥상의 남쪽 구조물 고려 북쪽 및 서쪽 방향 입출항 권장

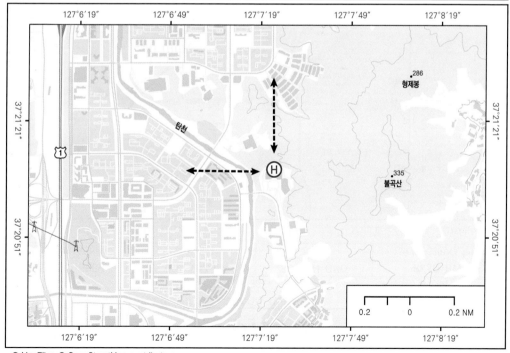

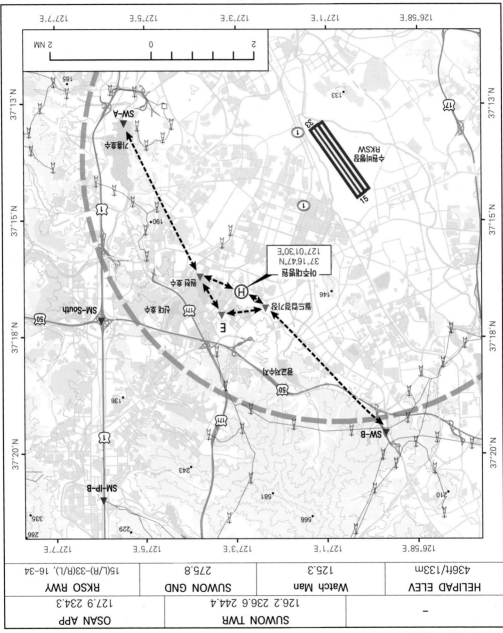

© MapTiler © OpenStreetMap contributors

VFR
응신/지상 헬기장

✚ ASI

SUWON TWR

RKBG
수원 아주대학병원

HELIPAD ELEV	Watch Man	SUWON GND	RKSO RWY
436ft/133m	125.3	275.8	15(L/R)-33(R/L), 16-34

OSAN APP	SUWON TWR		
127.9 234.3	126.2 236.6 244.4	–	

아주대병원
37°16'47"N
127°01'30"E

RKSW 수원비행장

SW-A 기흥호수
SW-South
SW-B
SM-IP-B

헬기장 정보

위치 좌표	37°16'46.65"N 127°1'30.36"E	주소지	수원시 영통구 월드컵로 164
헬기장 표고	436ft/133m	전화번호	031-219-5390
편차(VAR)	8° W	관제서비스	–

헬기장 운용 및 지원

PPR	입항 전 24시간 전	연료	–
운용시간	월 – 일(0000-0900Z)		

헬기장 현황

구분	규격(m)	표면	운용기종	비고
지상	11 × 16	CON	AW-109, H-135	표고 : 188ft/57.2m
옥상	27.2 × 27.2	에폭시	EC-225, AW-139, KUH-1	

입출항 절차 및 주의 사항

- 수원비행장 관제권 내에 위치하여 입항 전 CP "A" 또는 CP "B"에서 TWR 교신 필수
- 입출항 절차
  - CP "A" → 월드컵 경기장 → 아주대병원 정문(HDG 130°) 통과 후 접근(HDG 090°)
  - CP "B" → 원천저수지 하단 → 아주대병원 접근(HDG 290°)
  - 지상 헬기장 접근 시 헬기장 남북쪽에 건축물이 위치하고 있어 동서 방향 접근
  - 옥상 헬기장 접근 시 헬기장 남북방향으로 접근
  - 출항 시 이륙 전 수원 TWR 교신 및 보고 지점 통해 목적지 이동
- 아주대병원 정문교차로에서 접근시 우측 철탑주의

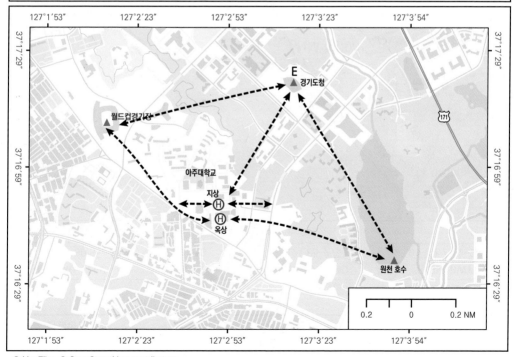

© MapTiler © OpenStreetMap contributors

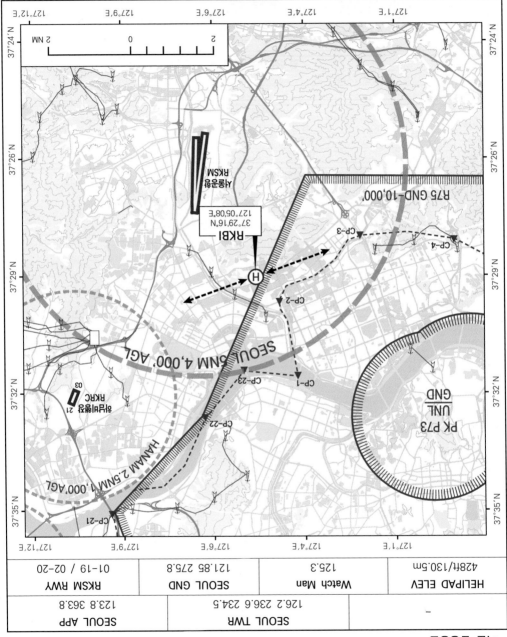

HELIPAD ELEV	Watch Man	SEOUL GND	RKSM RWY
428ft/130.5m	125.3	121.85 275.8	01-19 / 02-20
–	SEOUL TWR 126.2 236.6 234.5		
	SEOUL APP 123.8 363.8		

RKBI 서울 삼병원 **ASI** **VFR** 유성 헬기장

헬기장 정보

위치 좌표	37°29'16.19"N 127°05'7.62"E	주소지	서울특별시 강남구 일원로 81
헬기장 표고	428ft/130.5m	전화번호	02-3410-3714
편차(VAR)	8° W	관제서비스	–

헬기장 운용 및 지원

PPR	입항 전 24시간 전	연료	–
운용시간	월 – 일(0000-0900Z)		

헬기장 현황

규격(m)	표면	운용기종	비고
20 × 20	CON	AW-139, S-76	

입출항 절차 및 주의 사항

- 서울비행장 관제권 및 R75에 근접하여 입항 전 서울 TWR 및 MCRC 교신 철저
- 서울비행장 "D" 지점, 시계비행로 CP-3 경유 입출항 항공기 경계 철저
- 헬기장은 병원 본관 옥상에 위치하며, 주변 공역 및 건축물 고려 동 ↔ 서 방향 입출항 권장

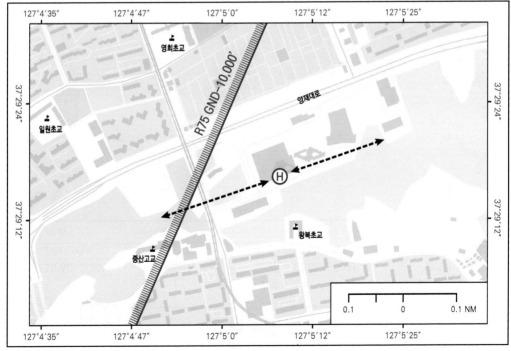

© MapTiler © OpenStreetMap contributors

서울 상암월드컵경기장

ASI

VFR
유상 헬기장

HELIPAD ELEV	Watch Man	SEOUL GND	RKSM RWY
226ft/69m	125.3	121.85 275.8	01-19 / 02-20

SEOUL TWR	SEOUL APP
126.2 236.6 234.5	123.8 363.8

R75 GND-10,000'

SEOUL 5NM 4,000' AGL

PK P73
UNL
GND

서울 상암월드컵
37°30'06"N
127°00'17"E

서울월드컵
경기장

사용운항

사용운항 RKSM

CP-1 · CP-2 · CP-3 · CP-4 · CP-5 · CP-6 · CP-7 · CP-8
CP-22 · CP-23

2 NM · 0 · 2 NM

137° 131
331

37°25'N 37°28'N 37°31'N 37°34'N

126°53'E 126°56'E 126°59'E 127°2'E 127°5'E

헬기장 정보

위치 좌표	37°30'6.01"N 127°00'17.24"E	주소지	서울 서초구 반포대로 222
헬기장 표고	226ft/69m	전화번호	02-2258-5555
편차(VAR)	8° W	관제서비스	–

헬기장 운용 및 지원

PPR	입항 전 24시간 전	연료	–
운용시간	월 – 일(0000-0900Z)		

헬기장 현황

규격(m)	표면	운용기종	비고
20 × 20	CON	AW-139, S-76	

입출항 절차 및 주의 사항

- P-73 비행금지구역과 0.4NM 이격되어 있어 입출항 시 주의 및 MCRC 교신 철저
- P-73 시계비행로 입출항 절차 준수
- 헬기장 주변 고층 건물 및 헬기장 구조물 고려 남북방향 접근 권장되며, 북쪽 입출항 시 P-73 침범하지 않도록 주의 필요

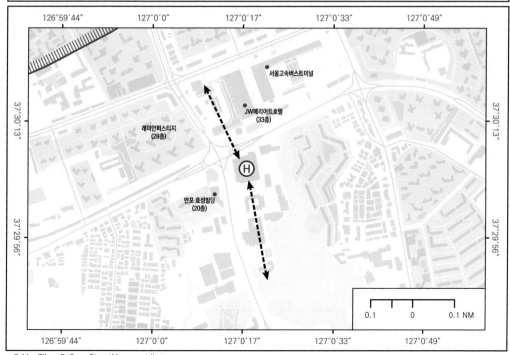

© MapTiler © OpenStreetMap contributors

© MapTiler © OpenStreetMap contributors

127°6'E 127°3'E 126°59'E 126°56'E 126°53'E

R75 GND-10,000'

SEOUL 5NM 4,000' AGL

PK P73
UNL
GND

CP-1 CP-2 CP-3 CP-4 CP-5 CP-6 CP-7 CP-8 CP-9
CP-22 CP-23

37°29'N 37°32'N 37°35'N 37°38'N

2 NM 0 2

서울대학병원
37°34'48"N
126°59'57"E

RKRS
수서헬기장

청운지역 이태원

•327 •481 •632 •241 •201 •308 •291 •209 •313 •160 •181 •126 •349 •173 •296 •343 •160 •178 •452 •728 •235 •601 •836 •179

HELIPAD ELEV	Watch Man	SEOUL GND	RKSM RWY
287ft/87.5m	125.3	121.85 275.8	01-19 / 02-20

	SEOUL TWR	SEOUL APP
–	126.2 236.6 234.5	123.8 363.8

사용대학병원

ASI

유상 헬기장
VFR

헬기장 정보

위치 좌표	37°34'47.86"N 126°59'56.57"E	주소지	서울 종로구 대학로 101
헬기장 표고	287ft/87.5m	전화번호	02-2072-2277
편차(VAR)	8° W	관제서비스	–

헬기장 운용 및 지원

PPR	입항 전 24시간 전	연료	–
운용시간	월 – 일(0000-0900Z)		

헬기장 현황

규격(m)	표면	운용기종	비고
18 × 18	CON	AW-169, EC-155	

입출항 절차 및 주의 사항

- P-73 비행금지구역과 0.2NM 이격되어 있어 입출항 시 주의 및 MCRC 교신 철저
- P-73 시계비행로 입출항 절차 준수
- 서쪽 방향 접근 시 안산(296m) 경유, 동쪽 접근 시 청량리역 경유 접근 권장
- 헬기장 남쪽을 제외한 전방향 입출항 가능

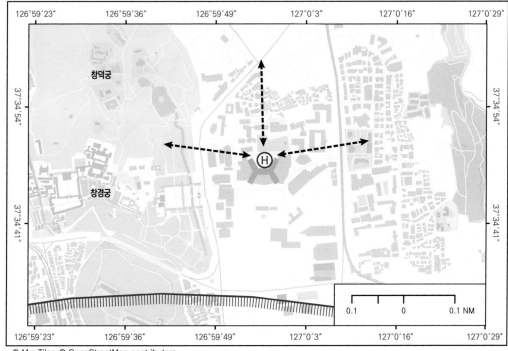

© MapTiler © OpenStreetMap contributors

인천 세브란스병원	ASI	VFR 응상 헬기장

HELIPAD ELEV 474ft/144.5m	Watch Man 125.3	GIMPO GND 121.9 121.95	RKSS RWY 14(L/R)-32(R/L)
–		GIMPO TWR 118.1 118.05 240.9	SEOUL APP 119.1 119.75 124.7 120.8

세브란스병원
37°33'43"N
126°56'27"E

R75 GND-10,000'

PK P73
UNL
GND

CP-1 CP-3 CP-4 CP-5 CP-6 CP-7 CP-8 CP-9 CP-10

RKRS

2 0 2 NM

헬기장 정보

위치 좌표	37°33'43.18"N 126°56'26.83"E	주소지	서울 서대문구 연세로 50
헬기장 표고	474ft/144.5m	전화번호	02-2228-2119
편차(VAR)	8° W	관제서비스	–

헬기장 운용 및 지원

PPR	입항 전 24시간 전	연료	–
운용시간	월 – 일(0000-0900Z)		

헬기장 현황

규격(m)	표면	운용기종	비고
22 × 22	CON	AW-139, S-76	

입출항 절차 및 주의 사항

- P-73 비행금지구역과 0.3NM 이격되어 있어 입출항 시 주의 및 MCRC 교신 철저
- P-73 시계비행로 입출항 절차 준수
- 서쪽 접근 시 월드컵대교 북단 경유, 북동쪽 접근 시 경복궁 경유, 남쪽 접근 시 국회의사당 경유 접근권장
- 헬기장 동쪽 옥상 구조물 및 P-73 고려 48번 국도를 경유 한 북동 ↔ 남서 방향 입출항 권장
  서쪽 접근 가능

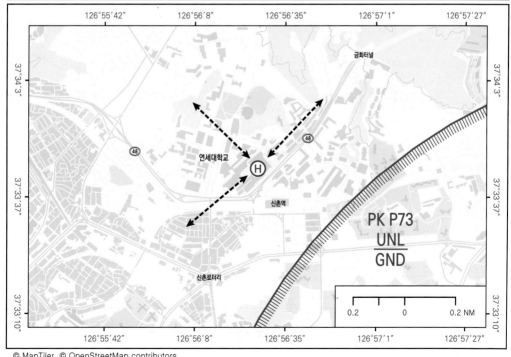

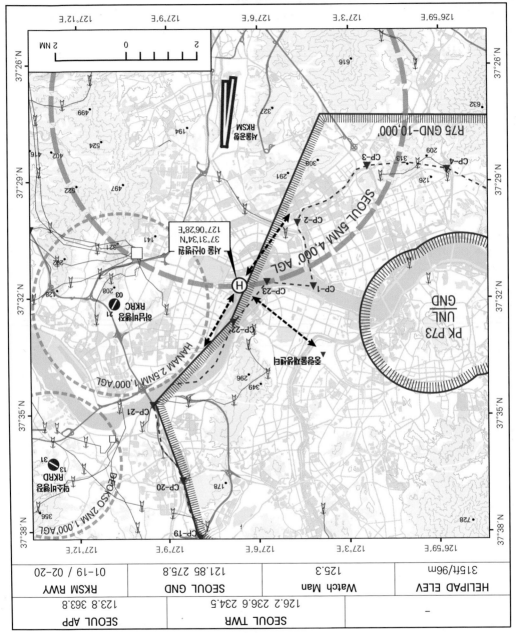

© MapTiler © OpenStreetMap contributors

사용 에어컨(진관)

VFR
시정 헬기장

● ASI

HELIPAD ELEV	Watch Man	SEOUL GND	RKSM RWY
315ft/96m	125.3	121.85 275.8	01-19 / 02-20
-	SEOUL TWR	SEOUL GND	SEOUL APP
-	126.2 236.6 234.5		123.8 363.8

헬기장 정보

위치 좌표	37°31'34.25"N 127°06'27.60"E	주소지	서울 송파구 올림픽로43길 88
헬기장 표고	315ft/96m	전화번호	02-3400-1190
편차(VAR)	8° W	관제서비스	–

헬기장 운용 및 지원

PPR	입항 전 24시간 전	연료	–
운용시간	월 – 일(0000-0900Z)		

헬기장 현황

규격(m)	표면	운용기종	비고
18 × 18	CON	AW-169, EC-155	

입출항 절차 및 주의 사항

- R-75 제한구역 및 P-73 시계비행로와 근접하여 관련 절차 준수 철저
- 서울공항 관제권으로 입출항 시 서울 TWR 교신 필요
- 남서쪽 접근 시 CP-2 외곽 경유, 북동쪽 접근 시 올림픽 대교 경유, 북서쪽 접근 시 중랑물재생센터 경유 권장
- 아산병원 신관 헬기장 이용
- 헬기장 주변 건춘물 고려 동쪽 ↔ 서쪽 방향 입출항 권장

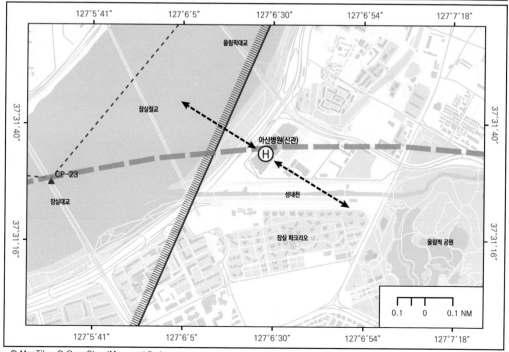

© MapTiler © OpenStreetMap contributors

© OpenStreetMap contributors

© MapTiler

사용 긴급의료헬기장

ASI

응시 헬기장 / VFR

HELIPAD ELEV	Watch Man	GIMPO GND	RKSS RWY
414ft/126.2m	125.3	121.9 121.95	14(L/R)-32(R/L)
–			

	SEOUL APP	GIMPO TWR	
–	119.1 119.75 124.7 120.8	118.1 118.05 240.9	

PK P73
UNL
GND

R75 GND-10,000'

RK P518 GND-UNL

RKSS 김포공항

RKRS 수색조차장

DMC역

응급 상황발생시
37°38'01"N
126°54'59"E

CP-6, CP-7, CP-8, CP-9, CP-10, CP-11, CP-12, CP-13, CP-14, CP-15, CP-16

2 NM 0 2

헬기장 정보

위치 좌표	37°38'0.56"N 126°54'58.50"E	주소지	서울 은평구 통일로 1021
헬기장 표고	414ft/126.2m	전화번호	02-2030-3835
편차(VAR)	8° W	관제서비스	–

헬기장 운용 및 지원

PPR	입항 전 24시간 전	연료	–
운용시간	월 – 일(0000-0900Z)		

헬기장 현황

규격(m)	표면	운용기종	비고
29 × 27	CON	EC-225, AW-139, KUH-1	

입출항 절차 및 주의 사항

- P-73 시계비행로 내 위치로 P-73 시계비행로 입출항 절차 준수
- 헬기장 주변 산악지형 및 송전선로 위치로 입출항 지 주의 필요
- 남쪽 방향 접근 시 DMC역 경유, 북쪽 접근 시 양주TG(CP-14) 경유 권장
- 헬기장 입출항 방향은 헬기장 서쪽의 송전선로 및 철탑, 매봉산과 동쪽의 은평뉴타운 고려하여
  1번 국도를 경유한 남·북 방향 권장

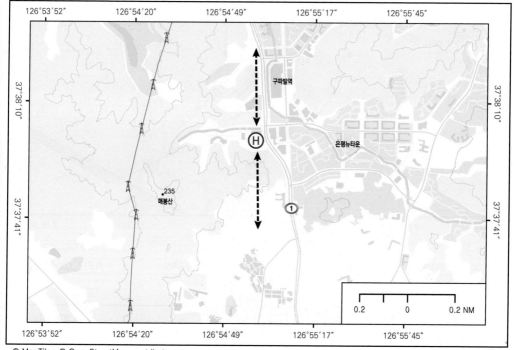

© MapTiler © OpenStreetMap contributors

127°12'E 127°9'E 127°6'E 127°3'E 126°59'E

2 NM 0 2

37°32'N
37°35'N
37°38'N
37°42'N

658·
·321
·292
03
인천비행장 21
CP-22
CP-23 CP-1
CP-2
SEOUL 5NM 4,000' AGL
GND
UNL
PK P73 ·173

HANAM 2.5NM 1,000' AGL
·349
CP-21
·387
31
13
인천비행장
DEOKSO 2NM 1,000' AGL
·356
CP-20
·178
잠비C
29
·160
사용이창공
37°30'06"N
127°00'17"E
·종물C
CP-19
·258
R75 GND-10,000'
CP-18
·597
·371
·331
·641
CP-17
·684 ·740
100
100
100

HELIPAD ELEV 323ft/98.4m	Watch Man 125.3	SEOUL GND 121.85 275.8	RKSM RWY 01-19 / 02-20
–	SEOUL TWR 126.2 236.6 234.5	SEOUL APP 123.8 363.8	

사용이창공
ASI
VFR
육상 헬기장

헬기장 정보

위치 좌표	37°36'47.41"N 127°05'54.10"E	주소지	서울 중랑구 신내로 156
헬기장 표고	323ft/98.4m	전화번호	02-2276-7110
편차(VAR)	8° W	관제서비스	–

헬기장 운용 및 지원

PPR	입항 전 24시간 전	연료	–
운용시간	월 – 일(0000-0900Z)		

헬기장 현황

규격(m)	표면	운용기종	비고
17 × 17	CON	AW-169, EC-155	

입출항 절차 및 주의 사항

- P-73 시계비행로 내 위치로 P-73 시계비행로 입출항 절차 준수
- 헬기장 접근 시 중랑천, 구리포천고속도로(29번), 북부간선도로 등 경유
- 헬기장 입출항 방향은 헬기장 옥상 서쪽 및 동쪽 구조물 고려 남·북 방향 권장

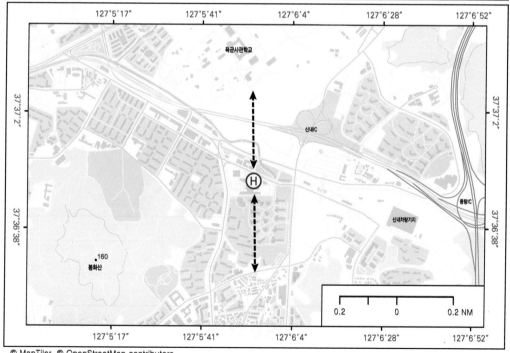

© MapTiler © OpenStreetMap contributors

HELIPAD ELEV	Watch Man	GIMPO GND	RKSS RWY
188ft/57.3m	125.3	121.9 121.95	14(L/R)-32(R/L)
–		GIMPO TWR	SEOUL APP
		118.1 118.05 240.9	119.1 119.75 124.7 120.8

사용 이대병원(마곡)

–

ASI

VFR

우상 헬기장

R75
10,000'/GND

이대 사용병원
37°33′25″N
126°50′10″E

CP-7
CP-8
CP-9
CP-10
CP-11

삼가정자사지

RKSS
김포공항
14
32

RKRS
수색병영장
14
32

126
126
128
179

126°47′E 126°49′E 126°51′E 126°52′E 126°54′E

37°31′N 37°32′N 37°34′N 37°36′N

1 NM 0 1

헬기장 정보

위치 좌표	37°33'25.47"N 126°50'10.34"E	주소지	서울 강서구 공항대로 260
헬기장 표고	259ft/79m	전화번호	02-6986-5851
편차(VAR)	8° W	관제서비스	–

헬기장 운용 및 지원

PPR	입항 전 24시간 전	연료	–
운용시간	월 - 일(0000-0900Z)		

헬기장 현황

규격(m)	표면	운용기종	비고
27 × 27	CON	EC-225, AW-139, KUH-1	

입출항 절차 및 주의 사항

- 김포공항 동쪽 2NM 지점에 위치하여 입출항 시 서울 APP 및 김포 TWR 교신 철저
- 김포공항 및 P-73 시계비행로 입출항 절차 준수
- 헬기장은 병원 본관 옥상에 위치하며, 전방향 입출항 가능
- 입출항 시 김포공항 32방향 접근 항공기 주의 필요
- 주변 아파트 단지 소음 민원 발생 주의

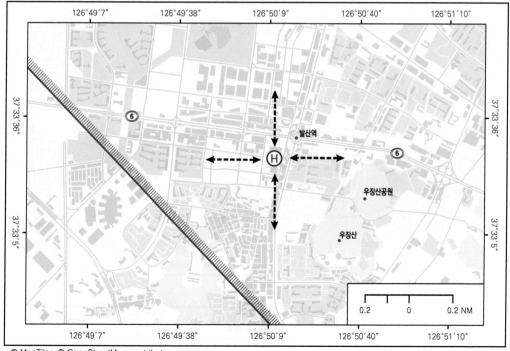

© MapTiler © OpenStreetMap contributors

© MapTiler © OpenStreetMap contributors

상성시의료원

VFR
능력 필기고사

상성시의료원

HELIPAD ELEV	Watch Man	SEOUL GND	RKSM RWY
341ft/104m	125.3	121.85 275.8	01-19 / 02-20

	SEOUL TWR	SEOUL APP
–	126.2 236.6 234.5	123.8 363.8

R35 2500/GND

HANAM 2.5NM 1,000' AGL

SEOUL 5NM 4,000' AGL

상성시의료원
37°26'42"N
127°08'20"E

H

2 NM

0

2

IP-B

RKSM
서울공항

하남비행장 ②
03 RKRC 21
·208

CP-3
CP-2
CP-1
CP-23
CP-22

헬기장 정보

위치 좌표	37°26'42.26"N 127°08'20.91"E	주소지	성남시 수정구 수정로171번길 10
헬기장 표고	341ft / 104m	전화번호	031-738-7781
편차(VAR)	8° W	관제서비스	–

헬기장 운용 및 지원

PPR	입항 전 24시간 전	연료	–
운용시간	월 – 일(0000-0900Z)		

헬기장 현황

규격(m)	표면	운용기종	비고
27.2 × 27.2	에폭시	EC-225, AW-139, KUH-1	

입출항 절차 및 주의 사항

• 서울공항 관제권 내에 위치하여 입출항 시 서울 TWR 교신 철저

• 입출항시 활주로 방향 고려 남북방향 사용 권장

• 주변 장애물 및 헬기장 주변 구조물로 인한 장애요인이 없어 전방향 이착륙 가능

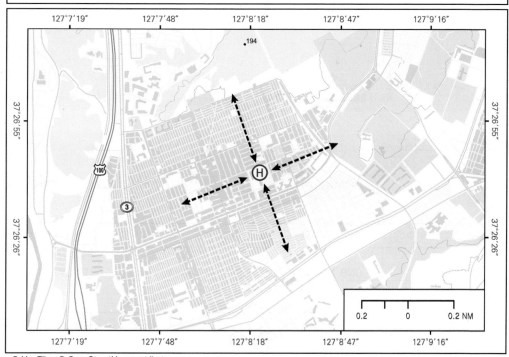

© MapTiler © OpenStreetMap contributors

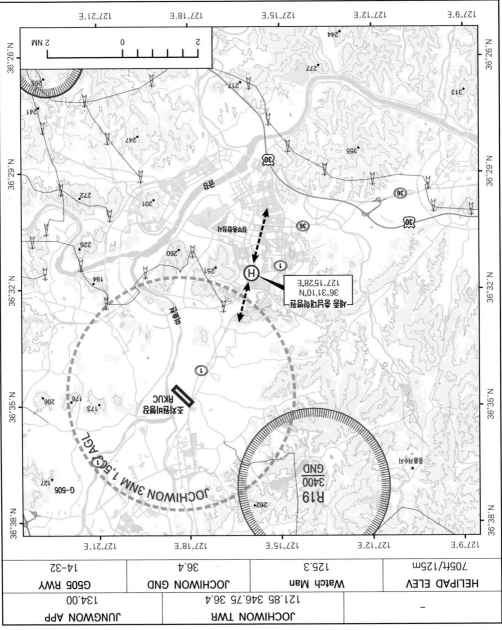

HELIPAD ELEV	Watch Man	JOCHIWON GND	G505 RWY
705ft/125m	125.3	36.4	14-32

	JOCHIWON TWR	JUNGWON APP
–	121.85 346.75 36.4	134.00

VFR

세종 충남대학병원

🔷 ASI

세종 헬기장

운항 필수 요소

헬기장 정보

위치 좌표	36°31'10.24"N 127°15'28.11"E	주소지	세종특별자치시 도담동 407
헬기장 표고	705ft/125m	전화번호	044-200-1397
편차(VAR)	8° W	관제서비스	–

헬기장 운용 및 지원

PPR	입항 전 24시간 전	연료	–
운용시간	월 – 일(0000-0900Z)		

헬기장 현황

규격(m)	표면	운용기종	비고
27.2 × 27.2	CON	EC-225, AW-139, KUH-1	

입출항 절차 및 주의 사항

- 육군 조치원 비행장 관제권 근접으로 입출항 시 조치원 TWR 교신 철저
- 헬기장 북쪽 2.5NM R-19 위치로 입출항 시 주의 필요
- 헬기장 주변 구조물 고려 남북 방향 이착륙 권장

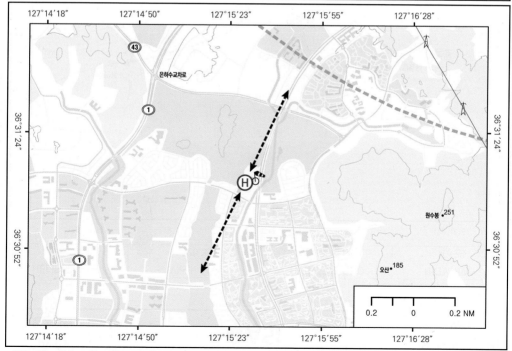

–	YECHEON TWR	YECHEON APP
	126.2 236.6 269.5	134.5. 229.35

HELIPAD ELEV	Watch Man	YECHEON GND	RKTY RWY
485ft/148m	125.3	126.2 236.6 269.5	10−28

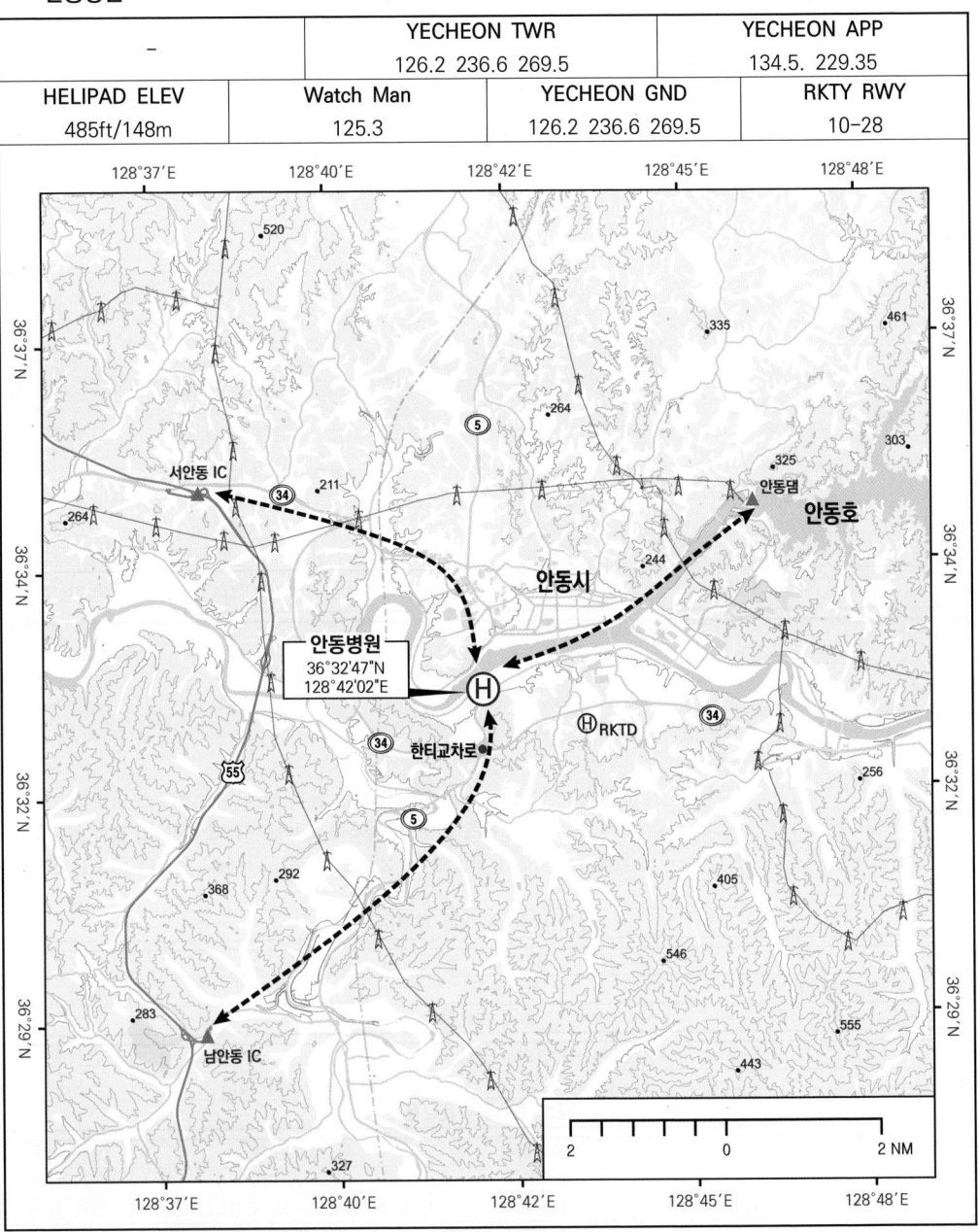

© MapTiler © OpenStreetMap contributors

헬기장 정보

위치 좌표	36°32'47.39"N 128°42'03.49"E	주소지	경상북도 안동시 앙실로 11
헬기장 표고	485ft/148m	전화번호	054-840-1004
편차(VAR)	8° W	관제서비스	–

헬기장 운용 및 지원

PPR	입항 전 24시간 전	연료	–
운용시간	월 – 일(0000-0900Z)		

헬기장 현황

구 분	규격(m)	표면	운용기종	비고
옥상	17 × 20	CON	AW-139, S-76	표고 148m
지상	30 × 30	CON	EC-225, AW-139, KUH-1	표고 90.9m

입출항 절차 및 주의 사항

- 입항절차
  - 동쪽 : 안동댐 → 안동대교, 북쪽 : 서안동 IC → 안동대교, 남쪽 : 남안동 IC → 한티 교차로
  - 지상 헬기장 접근 시 안동대교 제방 경유 접근, 옥상 헬기장 접근 시 안동대교 상공 또는 한티교차로
    상공 경유 접근
- 출항 시 입항절차 역순으로 이동
- 동쪽에서 접근 시 병원건물 주의, 남쪽 접근 시 고고도 안테나 주의(800')

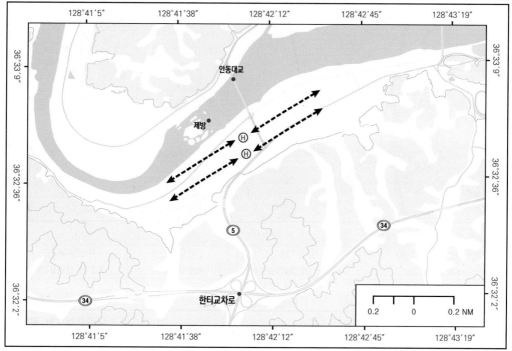

© MapTiler © OpenStreetMap contributors

© MapTiler © OpenStreetMap contributors

오송 헬기장
VFR

◆ ASI

오송 베스티안병원

-

JUNGWON APP	CHEONGJU TWR	Watch Man	HELIPAD ELEV
134.00	118.7 126.2	125.3	289ft/88m
RKTU RWY 06(L/R)-24(R/L)	CHEONGJU GND 121.875		-

JOCHIWON 3NM 1,500' AGL

RKUC 조치원비행장

조치원읍

R19 3400 GND

베스티안병원
36°38'10"N
127°11'30"E

2 NM   0   2

• 149
• 157
• 206
• 173
• 297
• 127
• 36
• 262
• 233
• 210
• 206
• 193
• 271
• 458
• 384
• 460
• 271
• 236
• 247
• 246
• 229
• 347

정좌자지
오송IC
미호강
청원
옥산IC
남청주IC
오송 JC

127°13'E
127°16'E
127°19'E
127°22'E
127°25'E

36°33'N
36°36'N
36°39'N
36°42'N

헬기장 정보

위치 좌표	36°38'10.58"N 127°19'19.14"E	주소지	청주시 흥덕구 오송읍 오송생명1로 191
헬기장 표고	289ft/88m	전화번호	043-904-8015 (시설팀)
편차(VAR)	8° W	관제서비스	–

헬기장 운용 및 지원

PPR	입항 전 24시간 전	연료	–
운용시간	월 – 일(0000-0900Z)		

헬기장 현황

규격(m)	표면	운용기종	비고
27.2 × 27.2	STL	EC-225, AW-139, KUH-1	

입출항 절차 및 주의 사항

• 병원 남쪽 육군 조치원 비행장 및 동쪽 청주공항, 성무 비행장 위치로 이동 시 TWR 교신 철저
• 입항 절차
  - 북쪽 : 옥산 JC에서 HD 200° 방향으로 접근
  - 동쪽 : 청주 IC에서 HD 290° 방향으로 접근
  - 서쪽 : 전의읍에서 HD 120° 방향으로 접근
• 베스티안 옥상 헬기장 전방향 이착륙 가능

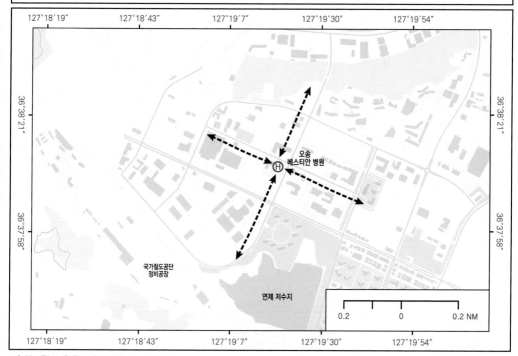

© MapTiler © OpenStreetMap contributors

197

198

© MapTiler © OpenStreetMap contributors

양산 부산대학교병원

◈ ASI

VFR

지상 헬기장

GIMHAE APP
125.5 364.0

GIMHAE TWR
118.1 118.45 233.3 236.6

RKPK RWY
18(L/R)-36(R/L)

GIMHAE GND
121.9 275.8

Watch Man
125.3

HELIPAD ELEV
39ft/12m

GIMHAE 5NM 3000' AGL

양산 부산대학교병원
35°19'40"N
129°00'15"E

EAST

G

헬기장 정보

위치 좌표	35°19'39.50"N 129°00'14.51"E	주소지	경남 양산시 금오로 20
헬기장 표고	39ft/12m	전화번호	055-360-1113
편차(VAR)	8° W	관제서비스	–

헬기장 운용 및 지원

PPR	입항 전 24시간 전	연료	–
운용시간	월 – 일(0000-0900Z)		

헬기장 현황

규격(m)	표면	운용기종	비고
30 × 30	CON	EC-225, AW-139, KUH-1	

입출항 절차 및 주의 사항

- 김해공항 관제권 인근에 위치하여 입항 전 김해 APP 및 TWR 교신 철저
- 헬기장은 지상 헬기장으로서 대학병원과 의과대학 사이에 위치함
- 입출항 시 서쪽 및 북쪽 산악지형과 대학 건축물, 송전선로 및 철탑 등 주의 필요
- 헬기장 입출항은 주변 장애물을 고려하여 양산천과 부산 양산 캠퍼스역을 경유한 남동쪽 경로 이용 권장

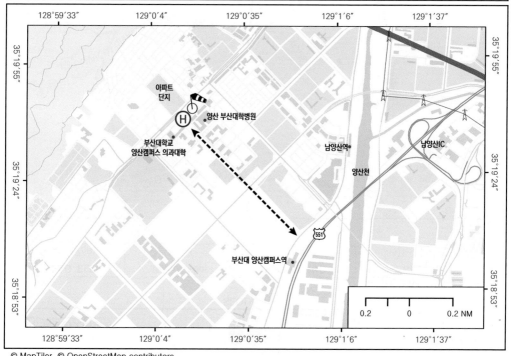

© MapTiler © OpenStreetMap contributors

용인 세브란스병원

VFR
위상 월기장

ASI

용인 세브란스병원

-

HELIPAD ELEV 574ft/175m	Watch Man 125.3	SEOUL GND 121.85 275.8	RKSM RWY 01-19 / 02-20
-	SEOUL TWR 126.2 236.6 234.5		SEOUL APP 123.8 363.8

용인 세브란스병원
37°16'15"N
127°08'55"E

YONGIN 3NM 1,500' AGL

SUWON 5NM 4,000' AGL

SEOUL 5NM 4,000' AGL

R35
2500
GND

RKRY
용인비행장

RKSW
수원비행장

2 NM   0   2

© MapTiler © OpenStreetMap contributors

200

헬기장 정보

위치 좌표	37°16'15.04"N 127°08'54.64"E	주소지	용인시 기흥구 동백죽전대로 363
헬기장 표고	574ft/175m	전화번호	031-5189-8620
편차(VAR)	8° W	관제서비스	–

헬기장 운용 및 지원

PPR	입항 전 24시간 전	연료	–
운용시간	월 – 일(0000-0900Z)		

헬기장 현황

규격(m)	표면	운용기종	비고
23 ×23	CON	EC-225, AW-139, KUH-1	

입출항 절차 및 주의 사항

- 서울비행장 및 수원비행장 관제권과 근접하여 TWR 모니터링 또는 교신 철저
- 병원 남쪽 아파트 고층 아파트 단지(25층) 위치로 입출항 시 주의 필요
- 헬기장 남쪽을 제외하고 전방향 입출항 가능

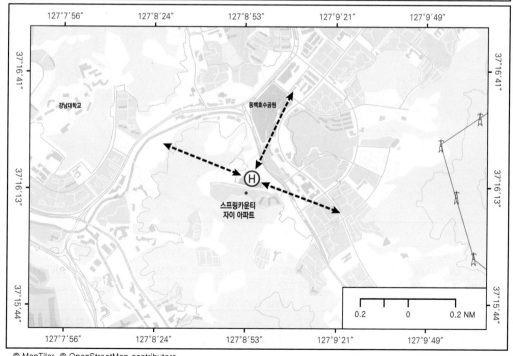

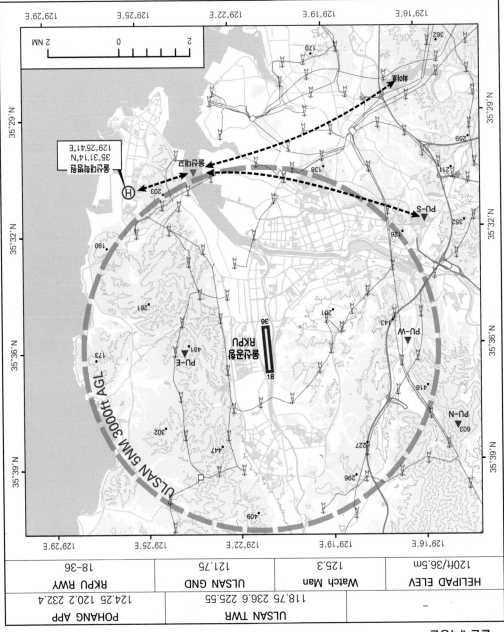

동산대학병원

VFR
울산 헬기장

✿ASI

동산대학병원
-

HELIPAD ELEV	Watch Man	ULSAN GND	RKPU RWY
120ft/36.5m	125.3	121.75	18-36

	ULSAN TWR	POHANG APP
-	118.75 236.6 225.55	124.25 120.2 232.4

헬기장 정보

위치 좌표	35°31'14.67"N 129°15'14.67"E	주소지	울산광역시 동구 대학병원로 25
헬기장 표고	120ft/36.5m	전화번호	052-250-7000
편차(VAR)	8° W	관제서비스	–

헬기장 운용 및 지원

PPR	입항 전 24시간 전	연료	–
운용시간	월 – 일(0000-0900Z)		

헬기장 현황

규격(m)	표면	운용기종	비고
27.2 × 27.2	CON	EC-225, AW-139, KUH-1	

입출항 절차 및 주의 사항

- 울산공항 관제권에 근접하게 위치하여 진입 전 TWR과 교신 후 위치보고 및 보고지점 경유 진입
- 입항 시 CP "S" 또는 회야호 → 울산대교 → 명덕저수지 방면으로 HDG 090° → 저수지 상공에서 HDG 100°로 접근
- 출항 시 이륙 후 울산 TWR와 교신 후 보고지점 경유 이탈

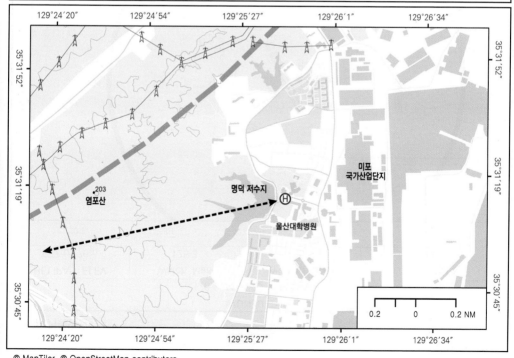

© MapTiler © OpenStreetMap contributors

⬢ ASI

–	WONJU TWR		WONJU APP
	126.2 118.325 236.6 265.5		130.2 255.0
HELIPAD ELEV	**Watch Man**	**WONJU GND**	**RKNW RWY**
577ft/176m	125.3	275.8	03-21

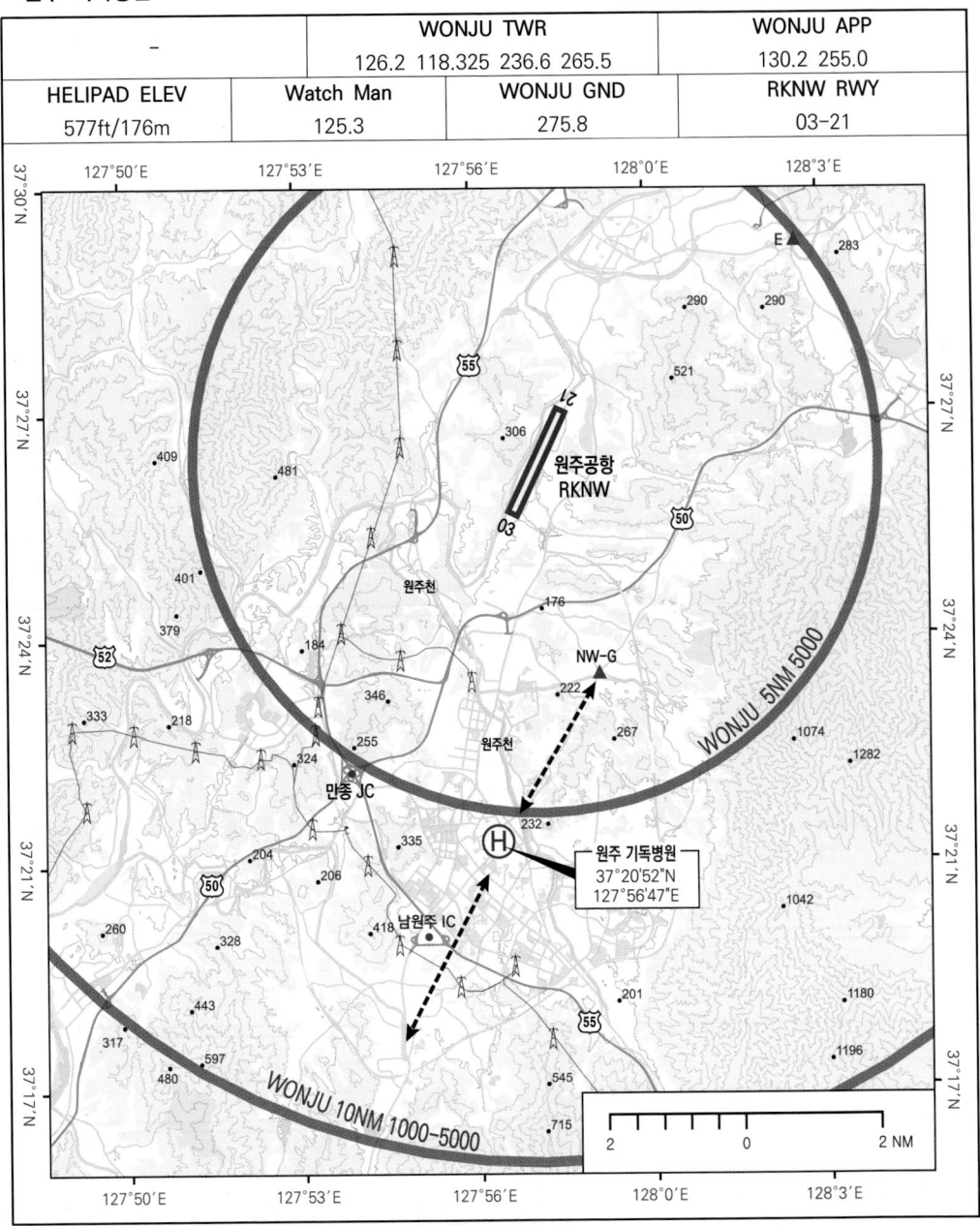

헬기장 정보

위치 좌표	37°20'52.05"N 127°56'47.01"E	주소지	강원도 원주시 원주시 일산로 20
헬기장 표고	577ft/176m	전화번호	033-741-0334 / 1688-6114
편차(VAR)	8° W	관제서비스	–

헬기장 운용 및 지원

PPR	입항 전 24시간 전	연료	–
운용시간	월 – 일(0000-0900Z)		

헬기장 현황

규격(m)	표면	운용기종	비고
20 × 25	CON	AW-139, S-76	

입출항 절차 및 주의 사항

- 원주공항 관제권 내에 위치하여 진입 전 원주 APP 및 TWR과 교신 철저
- 입출항 시 원주공항 보고지점 경유 진입
- 북쪽 접근 시 CP "G" 경유 접근, 남쪽 접근 시 남원주IC 경유 접근 권장
- 주변 소음 민원에 따라 최대 동력 이륙 권장
- 헬기장 주변 구조물 고려 북서 ↔ 남동 방향 이착륙 권장

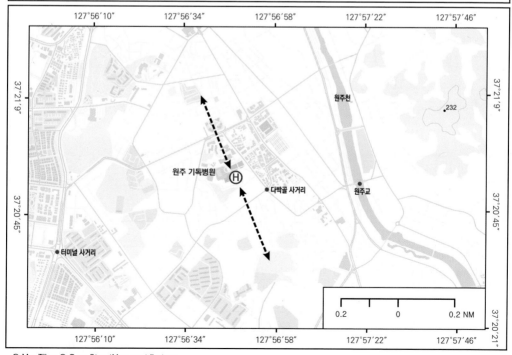

© MapTiler © OpenStreetMap contributors

RKSB
이천비행장

ASI

VFR
이천 헬기장

HELIPAD ELEV	Watch Man	SEOUL GND	RKSM RWY
384ft/117m	125.3	121.85 275.8	01-19 / 02-20
–		126.2 236.6 234.5	123.8 363.8
	SEOUL TWR		SEOUL APP

CP-18

R-75 GND-1000FT

CP-17

CP-16

·740

·348

·641

·371

·331

29

·392

·281

·551

100

·536

P-518 GND-UNLTD

210 ③

·475

B

장기리 장시

43

관고동

C

·336

RKSB
37°45'30"N
127°04'43"E

Ⓗ

43

·426

A

29

이천읍

·466

안흥동

이천

③ 안흥

1 NM   0   1

37°41'N
37°43'N
37°45'N
37°47'N

127°1'E 127°3'E 127°5'E 127°7'E 127°10'E

헬기장 정보

위치 좌표	37°45'29.94"N 127°04'42.78"E	주소지	경기도 의정부시 천보로 271
헬기장 표고	384ft/117m	전화번호	031-820-5208
편차(VAR)	8° W	관제서비스	–

헬기장 운용 및 지원

PPR	입항 전 24시간 전	연료	–
운용시간	월 – 일(0000-0900Z)		

헬기장 현황

규격(m)	표면	운용기종	비고
27 × 27	CON	EC-225, AW-139, KUH-1	

입출항 절차 및 주의 사항

- 입항절차
  - 동쪽/북동쪽 : CP "A" 또는 CP "B" → 신의정부 변전소 → 변전소에서 병원 방면으로 HDG 280°
  - 서쪽 : CP "C" → 경기북부청사 → 신의정부 변전소 → 변전소에서 병원 방면으로 HDG 280°
- 출항은 입항절차의 역순으로 진행
- 동쪽/북동쪽에서 접근시 산정상 고압선 주의
- 출항시 병원 좌측 금오동(Guemodong) 주변 소음민감지역 회피
- 야간시 병원 좌측 금오동 도심 내 불빛 주의

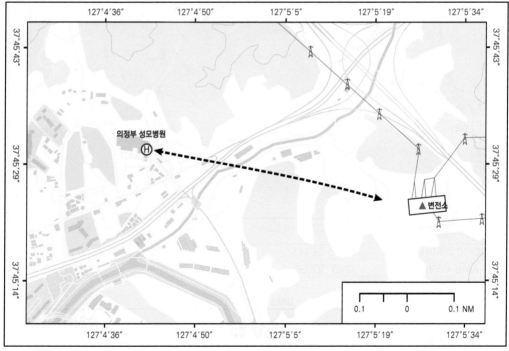

© MapTiler © OpenStreetMap contributors

© MapTiler © OpenStreetMap contributors

인천광역시 등지행양원

ASI

수상 헬기장

VFR

HELIPAD ELEV	Watch Man	SEOUL GND	RKSM RWY
403ft/123m	125.3	121.85 275.8	01-19 / 02-20

SEOUL TWR		SEOUL APP
126.2 236.6 234.5	-	123.8 363.8

동지대형양원
37°45'07"N
127°03'03"E

R-75 GND-10,000'
P-518 GND-UNLTD

CP-17 CP-15 CP-16

127°7'E 127°5'E 127°3'E 127°1'E 126°59'E

37°41'N 37°43'N 37°45'N 37°47'N

1 0 1 NM

헬기장 정보

위치 좌표	37°45'07.11"N 127°03'3.02"E	주소지	경기 의정부시 동일로 712
헬기장 표고	403ft/123m	전화번호	031-951-3119
편차(VAR)	8° W	관제서비스	–

헬기장 운용 및 지원

PPR	입항 전 24시간 전	연료	–
운용시간	월 – 일(0000-0900Z)		

헬기장 현황

규격(m)	표면	운용기종	비고
27.2 × 27.2	CON	EC-225, AW-139, KUH-1	

입출항 절차 및 주의 사항

- P-518 비행금지구역 내에 위치하여 입항 시 공군 SODO 허가 필요
- 북쪽 산악 지형을 제외하고 동·남·서쪽 방향 입출항 및 이착륙 가능
- 북서쪽 접근 시 녹양 사거리-가금교 경유, 남동쪽 접근 시 경기도청 북부청사-경기도교육청 북부청사 경유, 남서쪽 접근 시 문화교차로 경유 접근 권장
- 북쪽 접근 시 송전선로 및 산악 지형 주의

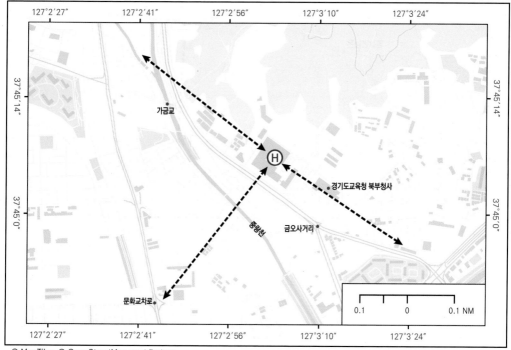

© MapTiler © OpenStreetMap contributors

HELIPAD ELEV		Watch Man		RKJU RWY	
72ft/22m		125.3		–	14-32
GUNSAN APP		JEONJU TWR			
124.1 292.65		120.20 346.675		–	
VFR		◆ ASI		RKJC	
응시 실기시험				이산 원광대학교병원	

JEONJU 3NM 1,500' AGL

JU-SW

JU-E

JU-W

JU-N

이삼역

RKJC
35°58'17"N
126°57'49"E

RKJU

2 NM   0   2

헬기장 정보

위치 좌표	35°58'16.61"N 126°57'48.50"E	주소지	전라북도 익산시 신동 702-1
헬기장 표고	72ft/22m	전화번호	063-837-8334~6
편차(VAR)	8° W	관제서비스	–

헬기장 운용 및 지원

PPR	입항 전 24시간 전	연료	–
운용시간	월 - 일(0000-0900Z)		

헬기장 현황

규격(m)	표면	운용기종	비고
27.2 × 27.2	CON	EC-225, AW-139, KUH-1	

입출항 절차 및 주의 사항

- 전주비행장 관제권과 근접하고 있어 입출항 시 전주 TWR 교신 및 보고지점 경유 이동
- 입항절차
  - 서쪽 : 영만 IC → HD100° 원대사거리 상공에서 바람 방향 고려 헬기장 접근
  - 남쪽 : 만경교(전주-W) → HD025° 원대사거리 상공에서 바람 방향 고려 헬기장 접근
  - 동쪽 : 익산JC(전주-N) → HD290° 익산시 북쪽 경유 헬기장 접근
  - 북쪽 : 다송교차로 → HD180° 익산대로 경유 접근

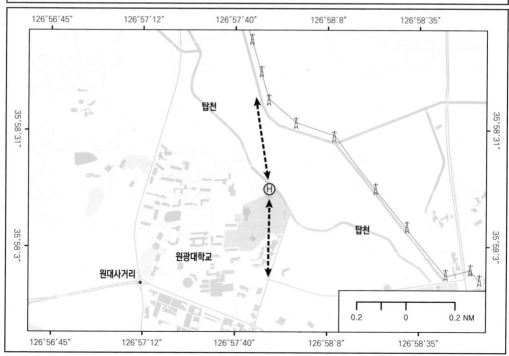

© MapTiler © OpenStreetMap contributors

© MapTiler © OpenStreetMap contributors

인천 김포공항

—

◆ASI

VFR

항공 촬영지도

인천 김포공항

SI-Z

126°52'E   126°48'E   126°44'E   126°40'E   126°36'E

2 NM   0   2

37°22'N

398

209

SS-J   246   248   198

204   100   140   50

SS-S

GIMPO 10NM 1,000'-10,000' AGL

110

37°26'N

173

151   인천JC   110   서울JC   217   송정IC

241   인천공항고속도로

300   161

201   인천 김포공항
37°27'10"N
126°42'27"E

(H)

37°30'N

35   김포공항

17   김포 바이패스
RKRB   211   186   동양국

SS-W

SI-G

196   400

GIMPO 5NM 3,000' AGL

126   SS-K   120

R-75   226   100   130

37°34'N   495

SS-N   128   100   김포공항
RKSS

126   130   SI-F

126°52'E   126°48'E   126°44'E   126°40'E   126°36'E

HELIPAD ELEV	Watch Man	GIMPO GND	RKSS RWY
348ft/106m	125.3	121.9 121.95	14(L/R)-32(R/L)
–	GIMPO TWR	SEOUL APP	
	118.1 118.05 240.9	119.1 119.75 124.7 120.8	

헬기장 정보

위치 좌표	37°27'08.80"N 126°42'27.42"E	주소지	인천광역시 남동구 구월동 남동대로 783
헬기장 표고	348ft/106m	전화번호	032-460-3551
편차(VAR)	8° W	관제서비스	–

헬기장 운용 및 지원

PPR	입항 전 24시간 전	연료	–
운용시간	월 – 일(0000-0900Z)		

헬기장 현황

규격(m)	표면	운용기종	비고
15 × 15	CON	AW-109, H-135	

입출항 절차 및 주의 사항

- 김포공항 또는 인천공항 관제권 진입 전 서울 APP 교신 및 보고지점 경유 진입
- 입항 절차
  - 북쪽 : CP "F" → 동암역 → 동암역에서 병원 방면으로 HDG 170°
  - 남쪽 : CP "S" → 서창 JC 또는 문학경기장에서 → 남동 IC(BG975454) → 병원 방면으로 HDG 350°
- 출항 절차 : 이륙 후 서울 APP 교신 및 보고 지점 경유 이탈
- 병원 북쪽 초고층 아파트 및 남쪽 건축물 주의
- 옥상 송전건물(Transmission building) 주의

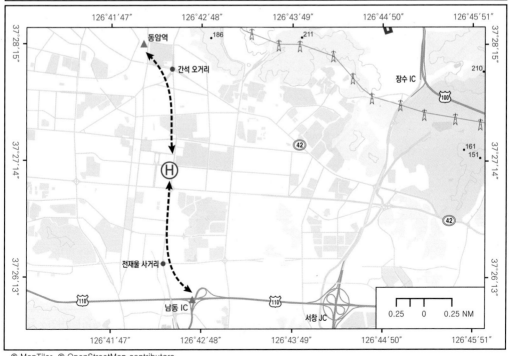

© MapTiler © OpenStreetMap contributors

—	GIMPO TWR	SEOUL APP
	118.1　118.05　240.9	119.1　119.75　124.7　120.8

HELIPAD ELEV	Watch Man	GIMPO GND	RKSS RWY
28ft/8.4m	125.3	121.9　121.95	14(L/R)-32(R/L)

인하대학병원
37°27'32"N
126°38'03"E

헬기장 정보

위치 좌표	37°36'0.90"N 126°22'48.85"E	주소지	인천광역시 중구 인항로 27
헬기장 표고	28ft/8.4m	전화번호	032-890-2696
편차(VAR)	8° W	관제서비스	–

헬기장 운용 및 지원

PPR	입항 전 24시간 전	연료	–
운용시간	월 – 일(0000-0900Z)		

헬기장 현황

규격(m)	표면	운용기종	비고
20 × 20	CON	AW-139, S-76	

입출항 절차 및 주의 사항

- 김포공항 또는 인천공항 관제권 진입 전 서울 APP 교신 및 보고지점 경유 진입
- 헬기장 북쪽 병원 건물, 동쪽 ~ 남쪽 250m 52층 아파트 및 고층 상가 위치로 주의 필요
- 입출항 방향은 서쪽 및 북동쪽 권장
  - CP "S" → 학인 JC → 개항탑 교차로 → 인천항 4거리 → 병원 방면으로 HDG 105°
  - CP "W" → 인천항 4거리 → 병원 방면으로 HDG 105°
  - CP "F" → 400번 고속도로 따라 인천항 4거리 → 병원 방면으로 HDG 105°
- 출항 절차 : 이륙 후 서울 APP 교신 및 보고 지점 경유 이탈

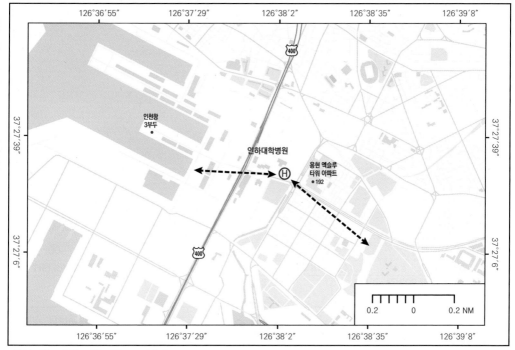

© MapTiler © OpenStreetMap contributors

제주 한라병원 –

ASI

옥상 헬기장
VFR

GLORIA JEJU	JEJU TWR	JEJU APP
131.1	118.55 118.2 236.6	121.2 124.05 120.425 317.7

HELIPAD ELEV	Watch Man	JEJU GND	RKPC RWY
400ft/122m	125.3	121.675	07-25 13-31

JEJU 5NM 3000ft AGL

PC-T

PC-EA

147

170

제주공항
RKPC

한라병원
33°29'23"N
126°29'05"E

PC-S
250

162

237

206   188

제주대학병원
297   348   396   428

297

PC-SE
621

266
350

439

575

655

313

617

RKPF
744

1135

654

729

938

972

1016

© MapTiler © OpenStreetMap contributors

헬기장 정보

위치 좌표	33°29'23.41"N 126°29'5.30"E	주소지	제주시 특별자치도 도령로 65
헬기장 표고	400ft/122m	전화번호	064-740-5000
편차(VAR)	8° W	관제서비스	VFR

헬기장 운용 및 지원

PPR	입항 전 24시간 전	연료	–
운용시간	월 – 일(0000-0900Z)		

헬기장 현황

규격(m)	표면	운용기종	비고
12 × 12	CON	AW-109, H-135	FATO 미확보로 제한적 운용

입출항 절차 및 주의 사항

- 제주공항 20NM 진입 전 제주 APP 교신 및 RKPC "EB", "SE", "S" 경유 진입
- RKPC "S" 지점 경유 북동 또는 남동 방향으로 접근 및 이탈
- 병원 주변 고층 호텔 위치로 접근 시 주의 필요

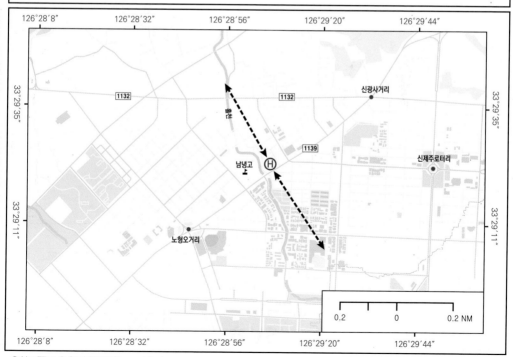

© MapTiler © OpenStreetMap contributors

© MapTiler © OpenStreetMap contributors

제주대한항공

ASI

VFR

RKPC RWY
07-25 13-31

JEJU GND
121.675

Watch Man
125.3

HELIPAD ELEV
738ft/225m

JEJU APP
121.2 124.05 120.425 317.7

JEJU TWR
118.55 118.2 236.6

JEONGSEOK 5NM 3000ft AGL

PC-SE
621

RKPF
744

PC-S
250

RKPC
제주공항

제주대학병원
33°28'03N
126°32'41"E

PC-EA

PC-T

JEJU 5NM 3000ft AGL

헬기장 정보

위치 좌표	33°29'23.41"N 126°29'5.30"E	주소지	제주시 아란13길 15
헬기장 표고	738ft/225m	전화번호	064-717-1114
편차(VAR)	8° W	관제서비스	VFR

헬기장 운용 및 지원

PPR	입항 전 24시간 전	연료	–
운용시간	월 – 일(0000-0900Z)		

헬기장 현황

규격(m)	표면	운용기종	비고
25 × 25	STL	EC-225, AW-139, KUH-1	

입출항 절차 및 주의 사항

• 제주공항 20NM 진입 전 제주 APP 교신 및 RKPC "EB", "SE" 경유 진입

• 헬기장 남쪽 병원 시설물(700ft) 및 달무 교차로 남쪽 고압선 주의 필요

• 접근시 1131번 국도 참조

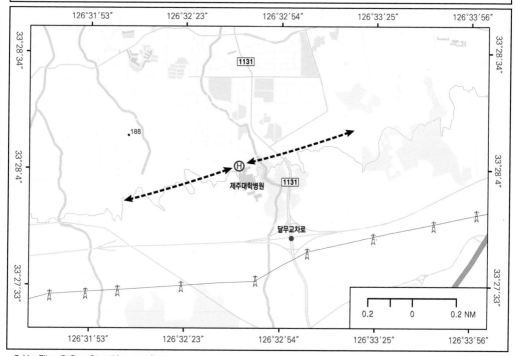

© MapTiler © OpenStreetMap contributors

RKPH — 창원 상남헬기장 — VFR — 육상 헬기장

ASI

HELIPAD ELEV	Watch Man	JINHAE GND	RKPE RWY
203ft/62m	125.3	120.20	18-36

	JINHAE TWR		GIMHAE APP
–	126.2 350.00		125.5 364.0
			125.2

RKPH
35°14'32"N
128°35'30"E

JINHAE 5NM 3000' AGL

PE-A

1 0 1 NM

헬기장 정보

위치 좌표	35°14'31.92"N 128°35'29.77"E	주소지	창원광역시 마산회원구 팔용로 158
헬기장 표고	203ft/62m	전화번호	055-233-8203
편차(VAR)	8° W	관제서비스	–

헬기장 운용 및 지원

PPR	입항 전 24시간 전	연료	–
운용시간	월 – 일(0000-0900Z)		

헬기장 현황

규격(m)	표면	운용기종	비 고
20 × 17	CON	AW-139, S-76	

입출항 절차 및 주의 사항

- 진해비행장 관제권과 근접하게 위치하여 입출항 시 진해 TWR 교신 철저
- 입항 절차
  - 동쪽 : 창원 JC → 고속도로 경유 → 동마산 IC에서 HD 210° 방향 접근
  - 서쪽 : 내서 JC → 고속도로 경유 → 서마산 IC에서 마산역 쪽으로 우회 후 HD 070° 방향 접근
  - 남쪽 : 마창대교 → 창원 NC 파크 → 팔용산 우회 HD 030° 접근
- 헬기장 주변 산악지형 및 고압선 위치로 입출항 시 주의 필요

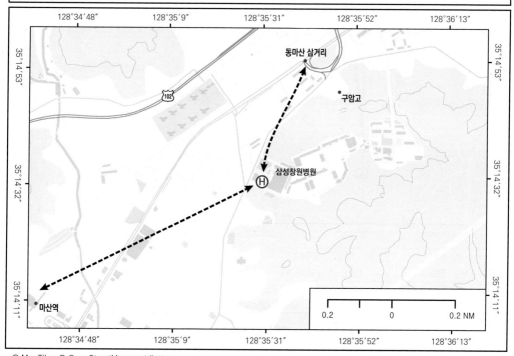

© MapTiler © OpenStreetMap contributors

© MapTiler © OpenStreetMap contributors

RKDH	◈ ASI	창약 실기기장
창약 단근대학원		VFR

HELIPAD ELEV	Watch Man	DESIDERIO GND	RKSG RWY
335ft/102m	125.3	119.5 229.7	14-32
창약 EMS	DESIDERIO TWR	OSAN APP	지식 실기장
122.15	122.5 257.8	127.9 306.3	

헬기장 정보

위치 좌표	36°50'37.92"N 127°10'25.39"E	주소지	충청남도 천안시 안서동 산8-3번지
헬기장 표고	335ft/102m	전화번호	041-550-6334
편차(VAR)	8° W	관제서비스	–

헬기장 운용 및 지원

PPR	입항 전 24시간 전	연료	
운용시간	월 – 일(0000-0900Z)		

헬기장 현황

규격(m)	표면	운용기종	비고
23 × 23	CON	AW-139, KUH-1	

입출항 절차 및 주의 사항

- 단국대학병원 북쪽 야산 아래 지상에 위치하며 동쪽에 격납고 설치
- 입출항은 주변 지형 및 장애물로 남쪽 사용 권장
- 입항절차
  - 서쪽 : CP "A"에서 천안 EMS → 천호저수지
  - 북쪽 : CP "B" → 백석대학교 참조하며 경부고속도로 따라 진행 → 천호저수지
  - 남쪽 : CP "C" → 천호저수지 참조하며 경부고속도로 따라 진행 → 천호저수지
- PAD에서 수직 이륙하여 경부고속도로 방면으로 증속하며 보고 지점 경유 후 이탈

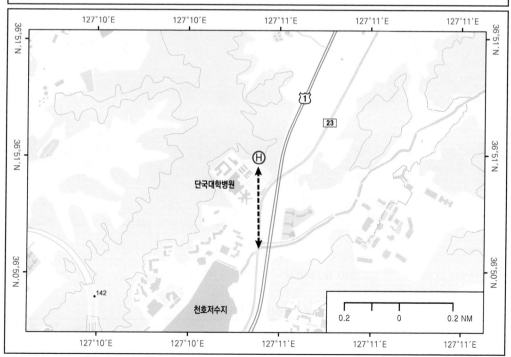

© MapTiler © OpenStreetMap contributors

© MapTiler © OpenStreetMap contributors

HELIPAD ELEV	Watch Man	YECHEON GND	RKTY RWY
617ft/188m	125.3	126.2 236.6 269.5	10-28
—		126.2 236.6 269.5	134.5, 229.35
		YECHEON TWR	YECHEON APP

VFR
시각 챠트

❖ASI

예천 헬기장
-

헬기장 정보

위치 좌표	36°25'53.62"N 129°03'10.09"E	주소지	경북 청송군 청송읍 의료원길 19
헬기장 표고	617ft/188m	전화번호	054-870-7222
편차(VAR)	8° W	관제서비스	–

헬기장 운용 및 지원

PPR	입항 전 24시간 전	연료	–
운용시간	월 – 일(0000-0900Z)		

헬기장 현황

규격(m)	표면	운용기종	비고
25 × 25	CON	EC-225, AW-139, KUH-1	

입출항 절차 및 주의 사항

- 주변 산악지형으로 인해 당진영덕고속도로(30번) 청송IC, 용전천, 31번 국도 경유 접근
- 헬기장은 지상 헬기장으로서 청송보건 의료원 북쪽에 위치하며, 동쪽에 풍향계 설치
- 주변 산악지형 고려 북서쪽과 북동쪽을 통한 입출항 권장

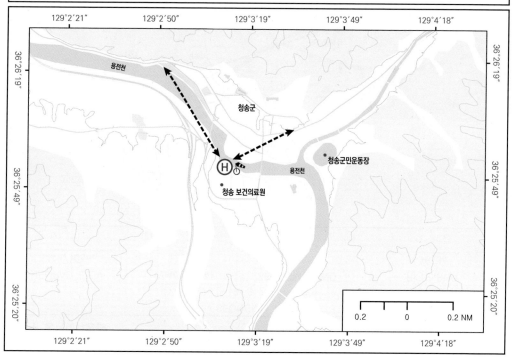

© MapTiler © OpenStreetMap contributors

VFR
유상 헬기장

SEONGMU 5NM 4000ft AGL

CHEONGJU 5NM 5000ft AGL

상리헬기장
RKTE
91 / 34

36°37'23"N
127°27'40"E
Ⓗ
충북대병원

충북대정문

유미대

충북장수장

조치원IC

남청주IC

서청주IC

1 NM

HELIPAD ELEV	Watch Man	SEONGMU GND	RKTE RWY
344ft/105m	125.3	134.55	16-34

JUNGWON APP	SEONGMU TWR		
134.00	126.2 131.3 236.6 363.9		–

충북 충북대병원

◆ASI

127°21'E 127°24'E 127°26'E 127°29'E 127°31'E

36°33'N 36°36'N 36°38'N 36°41'N

헬기장 정보

위치 좌표	36°37'23.98"N 127°27'38.90"E	주소지	충청북도 청주시 홍덕구 1순환로 776
헬기장 표고	344ft/105m	전화번호	043-269-6680
편차(VAR)	8° W	관제서비스	–

헬기장 운용 및 지원

PPR	입항 전 24시간 전	연료	–
운용시간	월 – 일(0000-0900Z)		

헬기장 현황

규격(m)	표면	운용기종	비고
15 × 15	CON	AW-109, H-135	

입출항 절차 및 주의 사항

- 공군 성무비행장 관제권 내에 위치하고 있어 입출항 시 성무 TWR 교신 철저
- 입항 절차
  - 서쪽 : 청주 IC → 청주 정수장 경우 후 HD 030° 방향 접근
  - 북쪽 : 서청주 IC → 종합 운동장 경우 후 HD 220° 방향 접근
  - 동쪽 : 청주대교 → 종합 운동장 경우 후 HD 220° 방향 접근
- 건물 입구 주변 장애물 주의

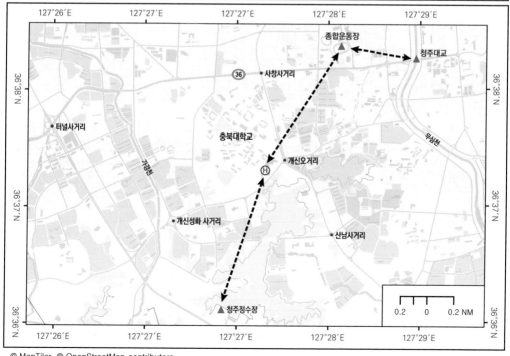

© MapTiler © OpenStreetMap contributors

© MapTiler © OpenStreetMap contributors

칠곡 강서대화랑원

ASI

VFR
우상 챌기장

HELIPAD ELEV	Watch Man	DAEGU GND	RKTN RWY
430ft/131m	125.3	121.95 275.8	13(L/R)-31(R/L)
DAEGU APP		DAEGU TWR	RKTN RWY
135.9 346.3	-	126.2 236.6 365.0	

DAEGU 5NM 4000' AGL

대구공항 RKTN
13 / 31

TN-C

칠곡 강서대화랑원
35°57'28"N
128°33'48"E

H

2 NM 0 2

헬기장 정보

위치 좌표	35°57'27.70"N 128°33'48.44"E	주소지	대구 북구 호국로 807
헬기장 표고	430ft/131m	전화번호	053-200-7679
편차(VAR)	8˚ W	관제서비스	

헬기장 운용 및 지원

PPR	입항 전 24시간 전	연료	–
운용시간	월 – 일(0000-0900Z)		

헬기장 현황

규격(m)	표면	운용기종	비고
직경 24	에폭시	EC-225, AW-139, KUH-1	원형 헬기장

입출항 절차 및 주의 사항

- 대구공항 관제권 내에 위치하여 입출항 시 대구 APP 및 TWR 교신 철저
- 대구공항 헬리콥터 입출항 절차 및 보고지점 준수
- 헬기장 북쪽 고속도로 횡단 송전선로 주의
- 대구외곽순환도로 및 동명동호IC 경유 접근 권장
- 헬기장은 원형 헬기장이며, 헬기장 구조물, 북쪽 산악지형 및 송전철탑 등 고려 북서쪽 ↔ 남서쪽 방향 입출항 권장

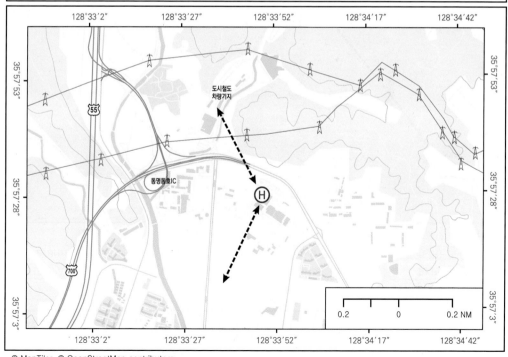

ASI

HELIPAD ELEV	Watch Man	GIMHAE GND	RKPK RWY
278ft/84.7m	125.3	121.9 275.8	18(L/R)-36(R/L)

GIMHAE APP	GIMHAE TWR		
125.5 364.0	118.1 118.45 233.3 236.6	–	

RKPI
37°25'31"N
126°58'53"E

(H)

2 NM 0 2

헬기장 정보

위치 좌표	34°53'55.30"N 128°36'42.06"E	주소지	경상남도 거제시 장평동 409-6
헬기장 표고	278ft/84.7m	전화번호	055-630-3114
편차(VAR)	8° W	관제서비스	–

헬기장 운용 및 지원

PPR	입항 전 24시간 전	연료	–
운용시간	월 – 일(0000-0900Z)		

헬기장 현황

규격(m)	표면	운용기종	비고
25 × 25	CON	AW-139, S-76	

입출항 절차 및 주의 사항

- 북서쪽(고성군, 창원시) 진입 시 옥녀봉 경유 삼성중공업 방향으로 진입
- 북동쪽(김해, 부산) 진입 시 거가대교, 연초호 경유 삼성중공업 방향으로 진입
- 산정 헬기장으로 동서 방향으로 접근 및 이탈 권장

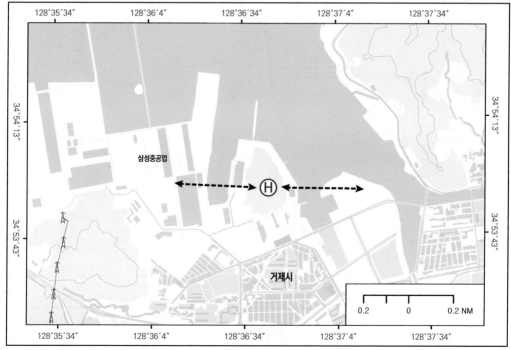

© MapTiler © OpenStreetMap contributors

용인 군지암 CC

◆ ASI

VFR
지상 활동장

HELIPAD ELEV	Watch Man		RKRY RWY
703ft/214.3m	125.3	–	02-20
–	YONGIN TWR		SEOUL APP
	132.25 345.7 38.5		123.8 119.1 363.8

Map labels:
- RKRY RWY / 용인비행장
- 군지암CC 37°20'07"N 127°17'54"E
- 군지암 CC
- YONGIN 3NM 1500ft AGL
- R-35(MAESARRI) 2NM 2500ft MSL
- 용인종점IC, 경기광주JC
- 1 0 1 NM

Elevation spot heights: 347, 251, 427, 396, 400, 386, 641, 475, 383, 292, 321, 405, 570, 437, 281, 321, 241, 268, 361, 232, 461, 235, 243, 455, 228, 327, 490, 581, 281, 154, 560

Coordinates: 127°12'E, 127°14'E, 127°17'E, 127°19'E, 127°22'E, 127°24'E
37°16'N, 37°18'N, 37°21'N, 37°23'N

헬기장 정보

위치 좌표	37°20'6.91"N 127°17'53.76"E	주소지	경기도 광주시 도척면 도척윗로 280
헬기장 표고	703ft / 214.3m	전화번호	031-760-3555
편차(VAR)	8° W	관제서비스	–

헬기장 운용 및 지원

PPR	입항 전 24시간 전	연료	–
운용시간	월 – 일(0000-0900Z)		

헬기장 현황

규격(m)	표면	운용기종	비고
22.5 × 20	ASP	AW-139, S-76	

입출항 절차 및 주의 사항

- 곤지암 CC 북쪽에 위치하며, 인근 R-35(메산리) 및 육군 용인 비행장 위치
- 접근 시 MCRC 및 용인 TWR 모니터링 철저
- 곤지암 CC 진입로 근접 위치로 입출항 시 주의 필요
- 주변 지형 장애물로 북쪽 접근 및 이탈 권장
- 헬기장 동편 풍향계 위치
- 전면주 도로면이 높고, 좌·우측 나무 등 장애물 경계 필요
- 곤지암 CC 산 하단부 건물 외 주위 특별한 건물, 민가 없음

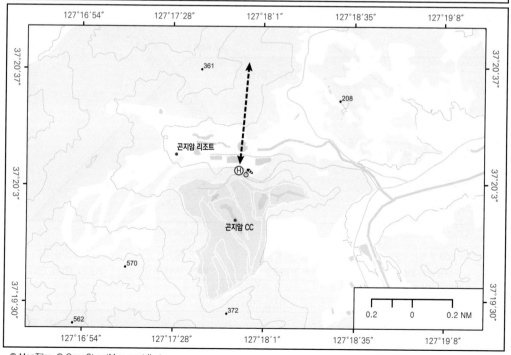

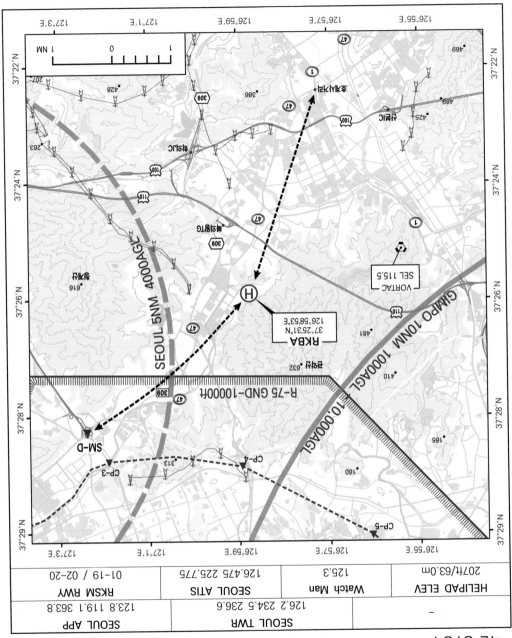

© MapTiler © OpenStreetMap contributors

HELIPAD ELEV	Watch Man	SEOUL ATIS	RKSM RWY
207ft/63.0m	125.3	126.475 225.775	01-19 / 02-20
–	126.2 234.5 236.6	125.3	123.8 119.1 363.8
	SEOUL TWR		SEOUL APP

RKBA	ASI	VFR
고정익 위치보고점		시정 활주로

VORTAC
SEL 115.5

RKBA
37°25'31"N
126°58'53"E

SEOUL 5NM 4000AGL

GIMPO 10NM 1000AGL

R-75 GND-10000ft

GIMPO 10NM 10,000AGL

SM-D

CP-3

CP-4

CP-5

헬기장 정보

위치 좌표	37°25'30.90"N 126°58'53.02"E	주소지	경기도 과천시 중앙동 3
헬기장 표고	207ft/63.0m	전화번호	02-2110-5711
편차(VAR)	8° W	관제서비스	–

헬기장 운용 및 지원

PPR	입항 전 24시간 전	연료	–
운용시간	월 – 일(0000-0900Z)		

헬기장 현황

규격(m)	표면	운용기종	비고
70 × 70	CON	S-92, EC-225, AW-189	

입출항 절차 및 주의 사항

- R-75 및 서울공항 관제권에 근접하게 위치하여 입출항 시 MCRC 및 서울 TWR 교신 철저
- 북쪽에 위치한 관악산 및 주변 건축물로 인해 북동쪽 및 남서쪽 입출항 권장
- 헬기장 북서쪽 풍향계 위치

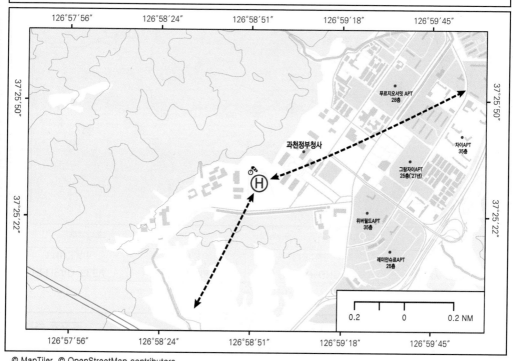

◆ASI

–		YEOSU TWR	SACHEON APP
		122.5 240.9 121.5	135.4 344.7
HELIPAD ELEV	Watch Man	YEOSU GND	RKJY RWY
11ft/3.4m	125.3	118.525	17–35

127°39′E 127°41′E 127°44′E 127°46′E 127°49′E

35°0′N · 447 · 269

· 447 하동IC

· 126 · 225

531 · 옥곡IC ② 진월IC · 128

· 228 · 151

동광양TG 495 태인대교

상황교차로

광양시청

472

RKJS
34°55′57″N
127°43′53″E

(H)

광양제철

JY-D

YEOSU 5NM 3000′ AGL

· 246

· 336

1 0 1 NM

127°39′E 127°41′E 127°44′E 127°46′E 127°49′E

헬기장 정보

위치 좌표	34°56'10.75"N 127°43'24.32"E	주소지	전라남도 광양시 금호동 697-1
헬기장 표고	11ft/3.4m	전화번호	061-790-0114
편차(VAR)	8° W	관제서비스	–

헬기장 운용 및 지원

PPR	입항 전 24시간 전	연료	–
운용시간	월 – 일(0000-0900Z)		

헬기장 현황

규격(m)	표면	운용기종	비고
25 × 25	CON	S-92, EC-225, AW-189	

입출항 절차 및 주의 사항

- 여수공항 북동쪽 8NM 지점에 위치하여 입출항 시 여수 TWR와 교신 철저
- 헬기장 동쪽 연구소 건물, 서쪽 축구장 조명 및 펜스, 북쪽 민가로 남쪽 방향 입출항 사용
- 헬기장이 남북을 길게 조성되어 있으며, 북쪽 끝단에 풍향계 위치
- 이착륙 시 헬기장 북쪽의 민가구역 회피, 기지 남쪽 방향으로 이착륙

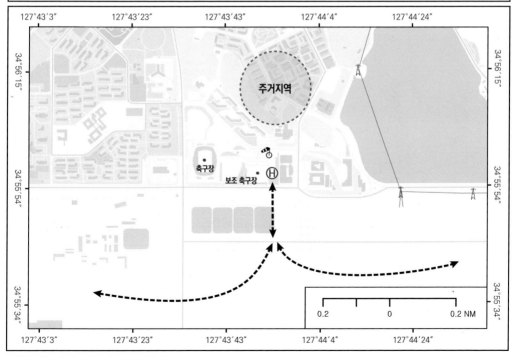

© MapTiler © OpenStreetMap contributors

RKJE 공항 상공정지	ASI	VFR 지상 활주기장

HELIPAD ELEV	Watch Man	GWANGJU GND	RKJU RWY
105ft/32.0m	125.3	121.8 275.8	04(L/R)-22(L/R)

GWANGJU TWR	GWANGJU APP
118.05 236.6 254.6	124.475 130.0 228.9 319.2
-	

GWANGJU 5NM 400ft AGL

RKJE
35°12'12"N
126°48'24"E

헬기장 정보

위치 좌표	35°12'11.74"N 126°48'24.09"E	주소지	광주광역시 광산구 하남산단6번로 107
헬기장 표고	105ft/32.0m	전화번호	062-950-6114
편차(VAR)	8° W	관제서비스	–

헬기장 운용 및 지원

PPR	입항 전 24시간 전	연료	–
운용시간	월 – 일(0000-0900Z)		

헬기장 현황

구분	규격(m)	표면	운용기종	비고
지상	25 × 25	CON	S-92, EC-225, AW-189	

입출항 절차 및 주의 사항

- 광주공항 북쪽 4NM 지점에 위치하여 입출항 시 광주 APP 및 TWR 교신 철저
- 광주공항 헬리콥터 입출항 절차 및 보고지점 준수
- 입출항 경로
  - 북쪽 : 광주TG, 남쪽 : 송정역
- 헬리패드 북쪽 및 동쪽, 남쪽 방향에 건축물 위치로 서쪽 운동장 방향을 통해 입출항 권장

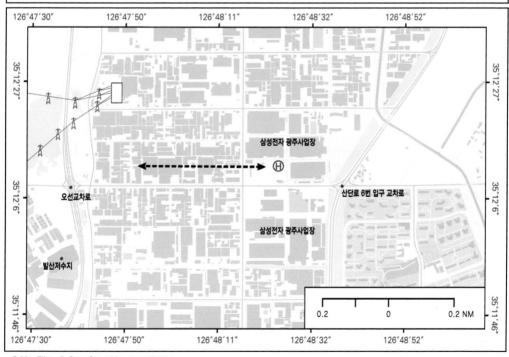

© MapTiler © OpenStreetMap contributors

© MapTiler © OpenStreetMap contributors

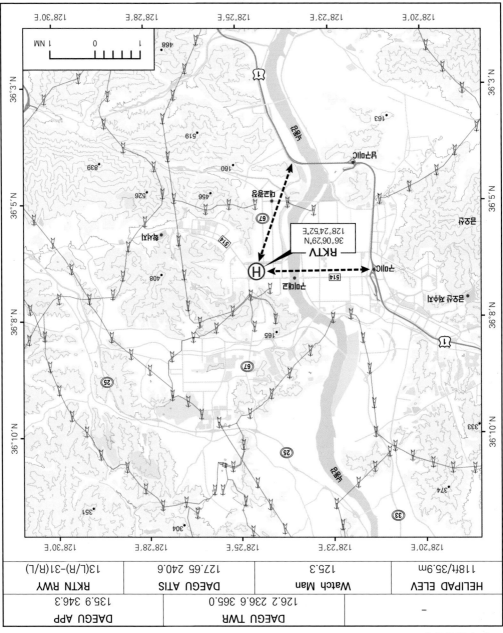

| RKTV 구미 상공헬기장 | ASI | 시각 접근차트 VFR |

HELIPAD ELEV	Watch Man	DAEGU ATIS	RKTN RWY
118ft/35.9m	125.3	127.65 240.6	13(L/R)-31(R/L)

	DAEGU TWR	DAEGU APP
–	126.2 236.6 365.0	135.9 346.3

RKTV
36°06'29"N
128°24'52"E

헬기장 정보

위치 좌표	36°6'29.46"N 128°24'51.54"E	주소지	경상북도 구미시 3공단3로 302
헬기장 표고	118ft / 35.9m	전화번호	054-460-2114
편차(VAR)	8° W	관제서비스	-

헬기장 운용 및 지원

PPR	입항 전 24시간 전	연료	-
운용시간	월 - 일(0000-0900Z)		

헬기장 현황

구 분	규격(m)	표면	운용기종	비고
옥상	30 × 30	CON	S-92, EC-225, AW-189	

입출항 절차 및 주의 사항

- 헬기장 주변 저고도 송전철탑 산재로 입출항 시 주의 필요
- 입출항 경로
  - 서쪽 : 구미 IC ↔ 구미 대교 ↔ 514번 도로 경유
  - 동쪽 : 학서지 ↔ 514번 국도 경유
  - 남쪽 : 경부고속도로(1번) ↔ 대교 광장 ↔ 67번 국도 경유
- 헬기장 북쪽 및 서쪽, 남쪽에 건축물 위치로 동쪽 운동장 방향 입출항 권장

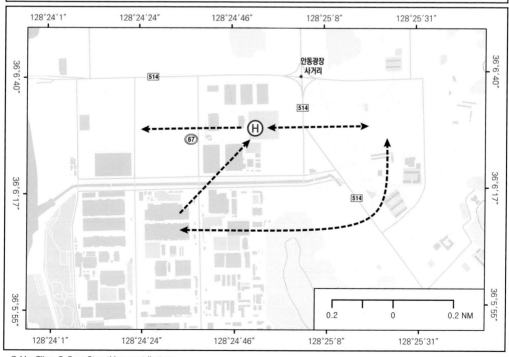

© MapTiler © OpenStreetMap contributors

RKBU
집운 훈련공란

ASI

VFR
지상 활주기장

HELIPAD ELEV	Watch Man	GIMPO GND	RKSS RWY
25ft/7.5m	125.3	121.9 121.95	14(L/R)-32(R/L)
–	118.1 118.05 240.9	119.1 119.75 124.7 120.8	
	GIMPO TWR	SEOUL APP	

INCHEON 10NM 1000ft – 10,000ft

GIMPO 10NM 1000ft – 10,000ft

RKBU
37°37'02"N
126°34'25"E

(H)

시우대교

신공항CC

쉬진레미지

청동대교

동림

와동대교

리버힐CC

청라지구IC

행정중심IC

천등산시추지

호지개

215 131

170

147

130

헬기장 정보

위치 좌표	37°37'4.71"N 126°34'19.86"E	주소지	경기도 김포시 대곶면 천호로 210
헬기장 표고	25ft/7.5m	전화번호	031-999-2373(시설팀)
편차(VAR)	9° W	관제서비스	VFR

헬기장 운용 및 지원

PPR	입항 전 24시간 전	연료	JET A-1
운용시간	월 – 일(0000-0900Z)		

입출항 절차

- 김포공항 또는 인천공항 관제권 진입 전 서울 APP 교신 및 보고지점 경유 진입
- 입항 절차
  - 남쪽 : CP "S" → CP "F" → 해안선 또는 제2순환도로(400번) 경유 접근
- 출항 절차 : 이륙 후 서울 APP 교신 및 보고 지점 경유 이탈

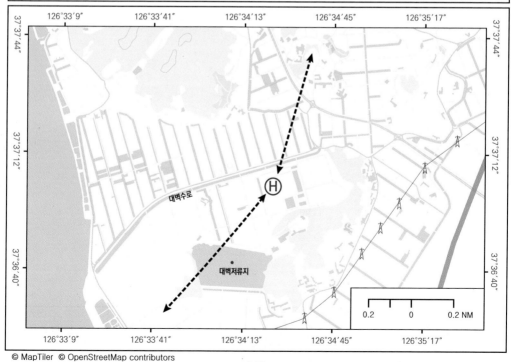

헬기장 현황

규격(m)	표면	운용기종	비고
280 × 220	CON	S-64, Mi-172, EC-225	

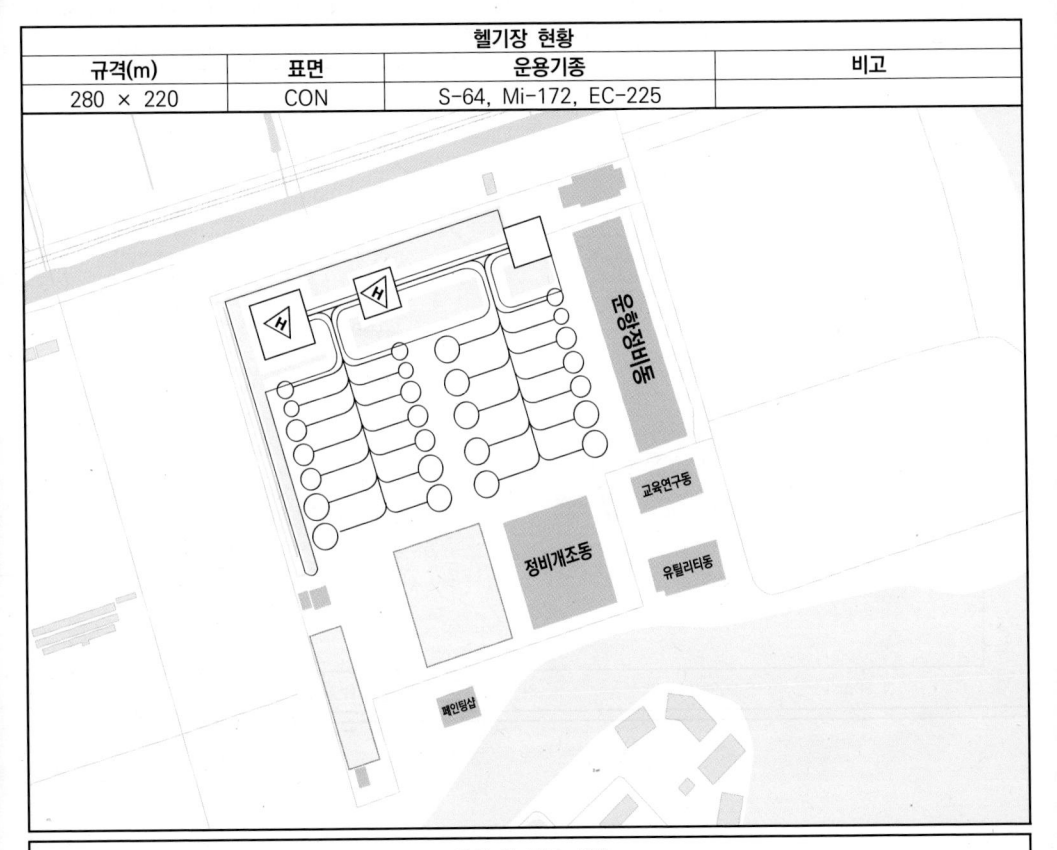

주의 및 참고 사항

- 헬기장 주변 소음민원 다수 발생으로 민가 지역 상공 회피 비행 철저
- 김포공항 및 부천비행장 저고도 입출항 항공기 사주경계 철저

대구 종합경기장

ASI

지상 헬기장
VFR

—	DAEGU TWR	DAEGU APP
	126.2 236.6 365.0	135.9 346.3

HELIPAD ELEV	Watch Man	DAEGU GND	RKTN RWY
442ft/134.8m	125.3	121.95 275.8	13(L/R)-31(R/L)

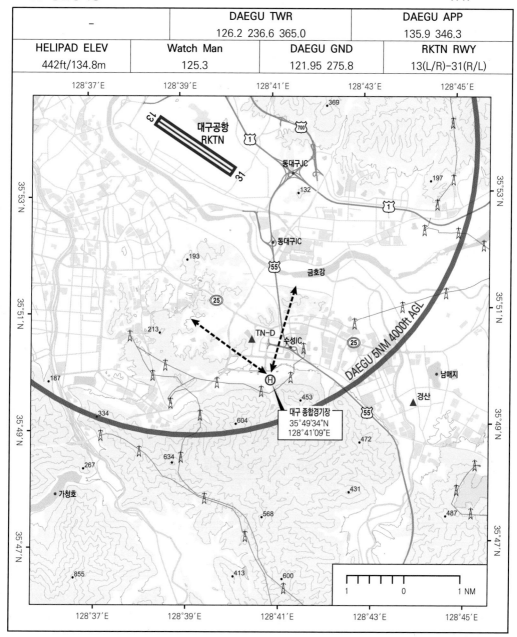

대구공항
RKTN

동대구JC

동대구IC

금호강

TN-D

수성IC

대구 종합경기장
35°49'34"N
128°41'09"E

DAEGU 5NM 4000ft AGL

남매지

경산

가창호

1 NM

헬기장 정보

위치 좌표	35°49'33,61"N 128°41'9.10"E	주소지	대구시 수성구 유니버시아드로42길 139
헬기장 표고	442ft / 134.8m	전화번호	053-803-0114
편차(VAR)	8° W	관제서비스	–

헬기장 운용 및 지원

PPR	입항 전 24시간 전	연료	–
운용시간	월 – 일(0000-0900Z)		

헬기장 현황

규격(m)	표면	운용기종	비고
25 × 25	CON	S-92, EC-225, AW-189	

입출항 절차 및 주의 사항

- 대구공항 남동쪽 4.3NM 지점에 위치하여 입출항 시 대구 APP 및 TWR 교신 철저
- 대구공항 헬리콥터 입출항 절차 및 보고지점 준수
- 입출항 경로
  - 헬기장 남쪽 산악 지형 및 주변 송전선로 위치로 북서 ~ 북동 방향 접근 권장
- 북쪽 접근 시 대구 스타디움 조명 시설 주의

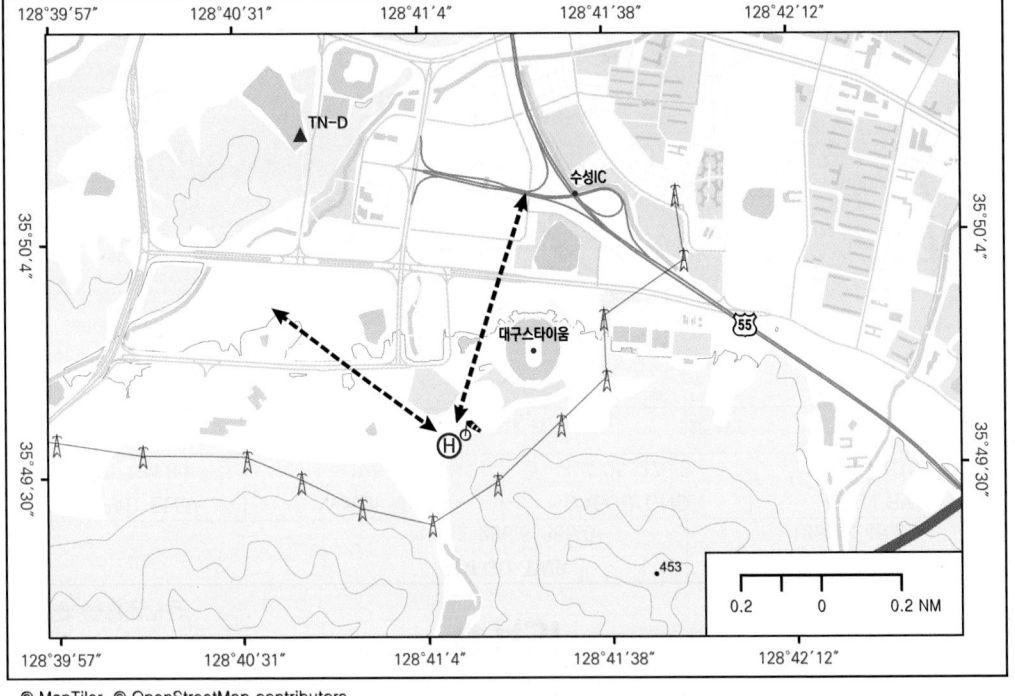

© MapTiler © OpenStreetMap contributors

–	NONSAN TWR		GUNSAN APP	
	133.35 30.20		124.1 292.65	
HELIPAD ELEV	Watch Man	NONSAN GND	RKUL RWY	
141ft/43.0m	125.3	346.65	11-29	

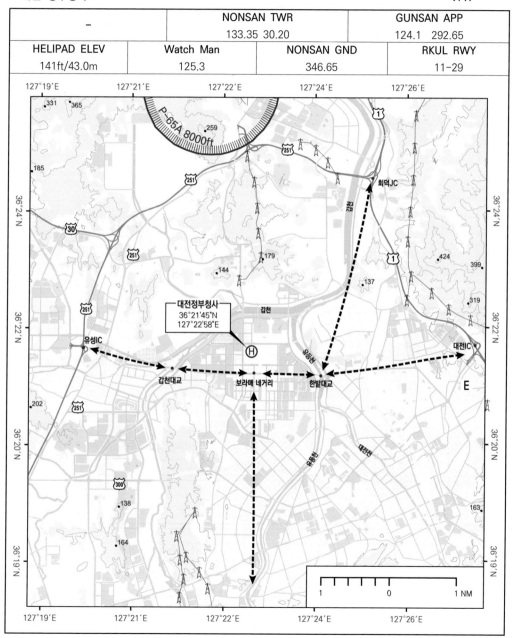

대전정부청사
36°21'45"N
127°22'58"E

헬기장 정보

위치 좌표	36°21'45,41"N 127°22'57.73"E	주소지	대전광역시 서구 청사로 189
헬기장 표고	141ft / 43.0m	전화번호	042-481-6142
편차(VAR)	8° W	관제서비스	–

헬기장 운용 및 지원

PPR	입항 전 24시간 전	연료	–
운용시간	월 – 일(0000-0900Z)		

헬기장 현황

규격(m)	표면	운용기종	비고
20 × 20	CON	S-92, EC-225, AW-189	5개 헬리패드 설치

입출항 절차 및 주의 사항

- 헬기장 북쪽 3NM 부근 비행금지구역(P-65A, 원자력연구소) 회피 접근
- 입출항 경로
  - 서쪽 : 유성 IC ↔ 갑천대교 ↔ 보라매 네거리 경유
  - 북쪽/동쪽 : 회덕 JC/대전 IC ↔ 한밭대교 ↔ 보라매 네거리 경유
  - 남쪽 : 대전 도심 ↔ 보라매 네거리 경유
- 헬기장 북쪽 안테나, 동쪽 및 서쪽 건축물 위치로 남쪽을 통한 입출항 권장

© MapTiler © OpenStreetMap contributors

–	NONSAN TWR		GUNSAN APP	
	133.35 30.20		124.1 292.65	
HELIPAD ELEV	Watch Man	NONSAN GND	**RKUL RWY**	
201ft/61.2m	125.3	346.65	11–29	

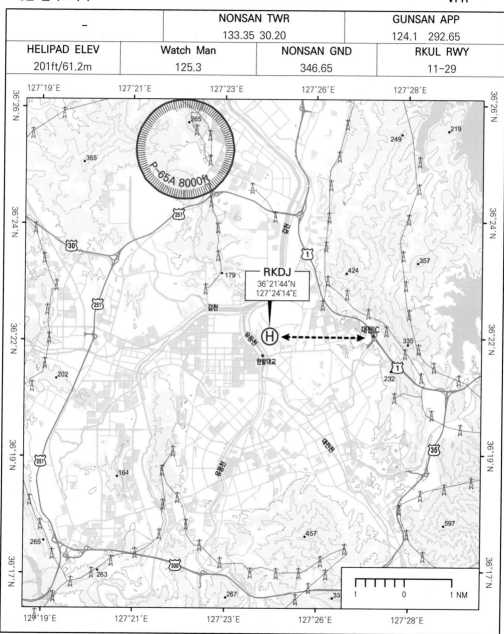

RKDJ
36°21′44″N
127°24′14″E

P-65A 8000ft

헬기장 정보

위치 좌표	36°21'44,36"N 127°24'13,88"E	주소지	대전광역시 대덕구 대화동 282-14
헬기장 표고	201ft/61.2m	전화번호	042-633-8900
편차(VAR)	9° W	관제서비스	–

헬기장 운용 및 지원

PPR	입항 전 24시간 전	연료	JET A-1
운용시간	월 - 일(0000-0900Z)		

헬기장 현황

규격(m)	표면	운용기종	비고
22 × 22	CON	AW-139, S-76	

입출항 절차 및 주의 사항

- 대전 일반산업단지 내에 위치하고 있어 입출항 시 주변 공장 건물 주의 필요
- 입출항 시 헬기장 동쪽 1NM 대전조차장역 남단에서 대전 대화중학교 및 대화초교 경유 접근
- 헬기장 주변 전신주, 담장 등 장애물 고려 동쪽 접근 및 이착륙 시 주의 필요

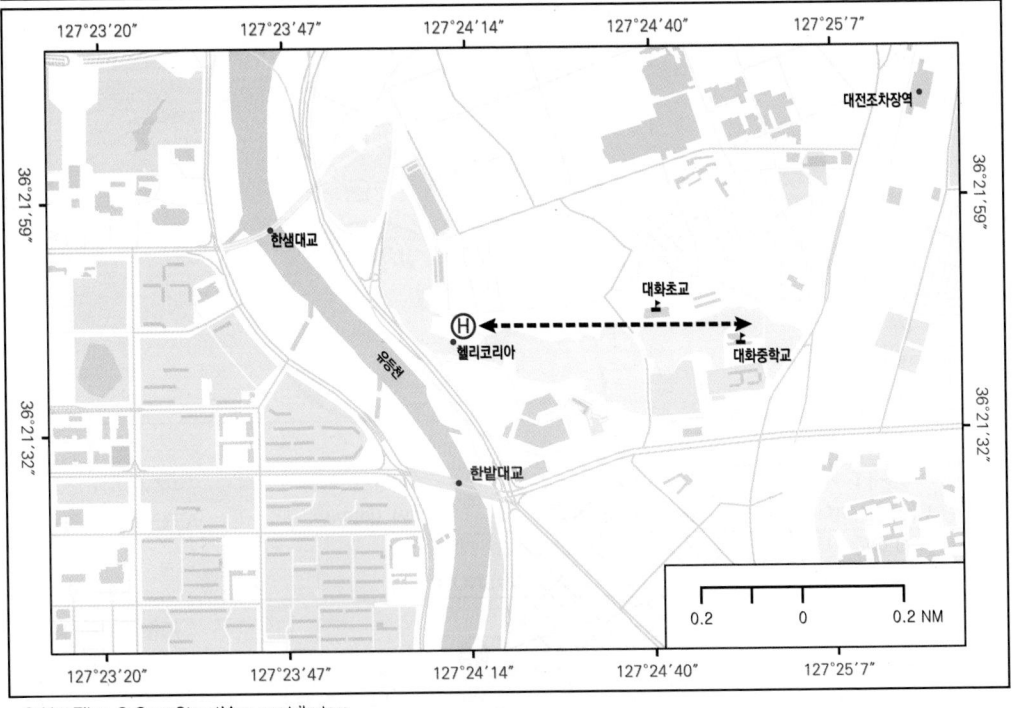

© MapTiler © OpenStreetMap contributors

◈ASI

–	GIMPO TWR	SEOUL APP
	118.1 118.05 240.9	119.1 119.75 124.7 120.8

HELIPAD ELEV	Watch Man	GIMPO GND	RKSS RWY
188ft/57.3m	125.3	121.9 121.95	14(L/R)-32(R/L)

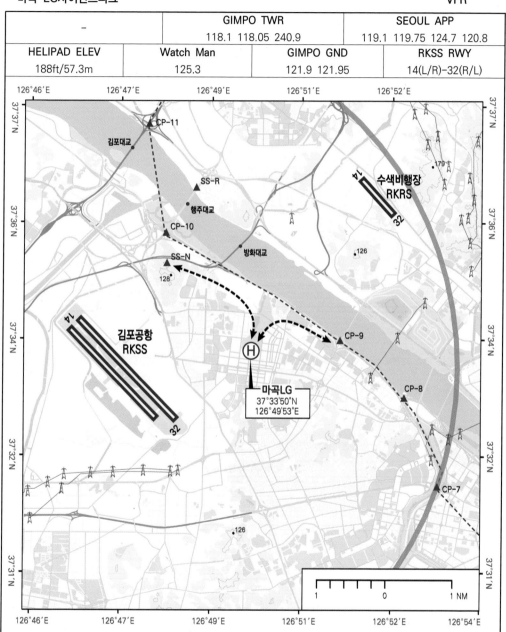

헬기장 정보

위치 좌표	37°33'49,03"N 126°49'52.88"E	주소지	서울특별시 강서구 마곡중앙10로 30
헬기장 표고	180ft / 55.0m	전화번호	02-3777-1114
편차(VAR)	8° W	관제서비스	−

헬기장 운용 및 지원

PPR	입항 전 24시간 전	연료	−
운용시간	월 − 일(0000-0900Z)		

헬기장 현황

규격(m)	표면	운용기종	비고
19.2 × 19.2	에폭시	AW-139, S-76	

입출항 절차 및 주의 사항

- 김포공항 동쪽 2NM 지점에 위치하여 입출항 시 서울 APP 및 김포 TWR 교신 철저
- 김포공항 및 P-73 시계비행로 입출항 절차 준수
- 입출항 경로
  - 김포공항 방향 입출항 시 "N" 보고 지점 경유
  - P-73 시계비행로 방향 입출항 시 CP-9 경유
- 헬기장은 LG사이언스파크 ISC동 옥상에 위치하며, 입출항 시 김포공항 32방향 접근 항공기 주의 필요
- 주변 아파트 단지 소음 민원 발생 주의

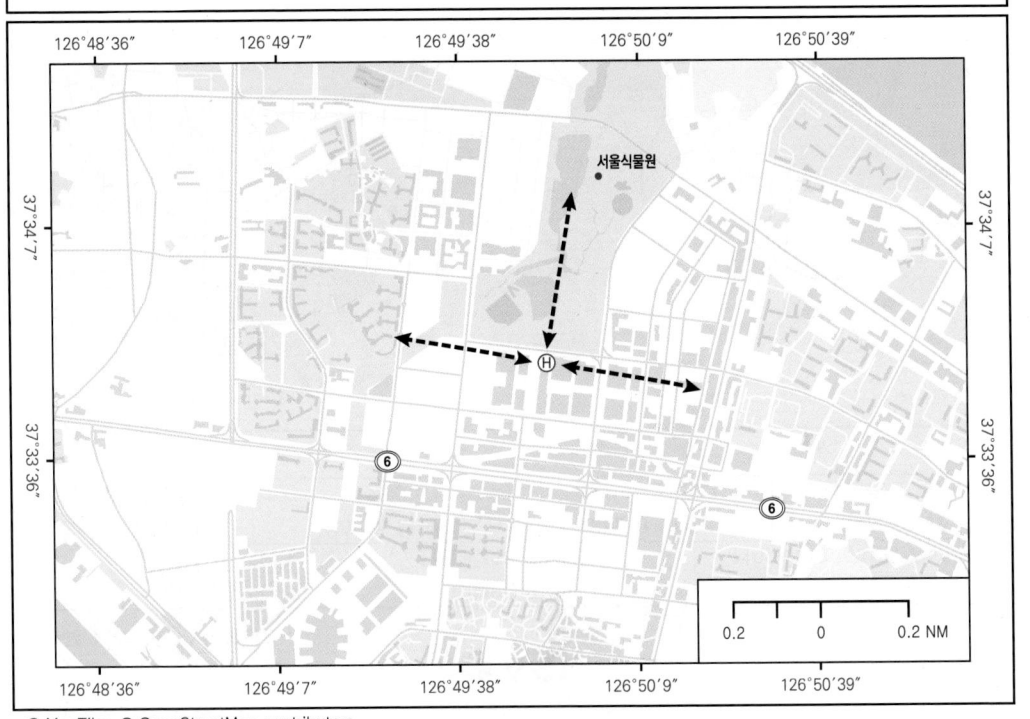

© MapTiler © OpenStreetMap contributors

	SEOUL TWR		SEOUL APP
－	126.2 236.6 234.5		123.8 363.8
HELIPAD ELEV	**Watch Man**	**SEOUL GND**	**RKSM RWY**
706ft/215.2m	125.3	121.85 275.8	01-19/02-20

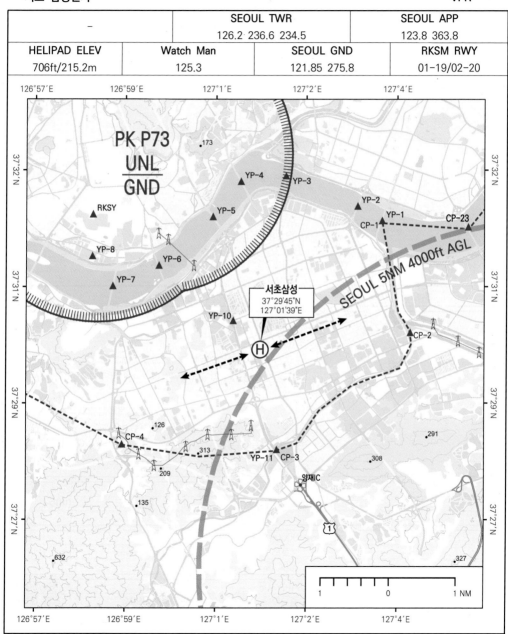

헬기장 정보

위치 좌표	37°29'45,40"N 127°1'38.79"E	주소지	서울특별시 서초구 서초대로78길 22
헬기장 표고	706ft/215.2m	전화번호	02-2255-2511
편차(VAR)	8° W	관제서비스	–

헬기장 운용 및 지원

PPR	입항 전 24시간 전	연료	–
운용시간	월 – 일(0000-0900Z)		

헬기장 현황

규격(m)	표면	운용기종	비고
20 × 20	CON	AW-139, S-76	

입출항 절차 및 주의 사항

- P-73 비행금지구역과 1.3NM 이격되어 있어 입출항 시 주의 필요
- 서울공항 관제권 근접으로 입출항 시 서울 TWR 및 MCRC 교신 철저
- P-73 시계비행로 입출항 절차 준수
- 입출항 경로
  - 옥상 헬기장 주변 장애물 고려 동서 방향 입출항 권장
  - 주변 고층 건물 위치로 입출항 시 주의 필요

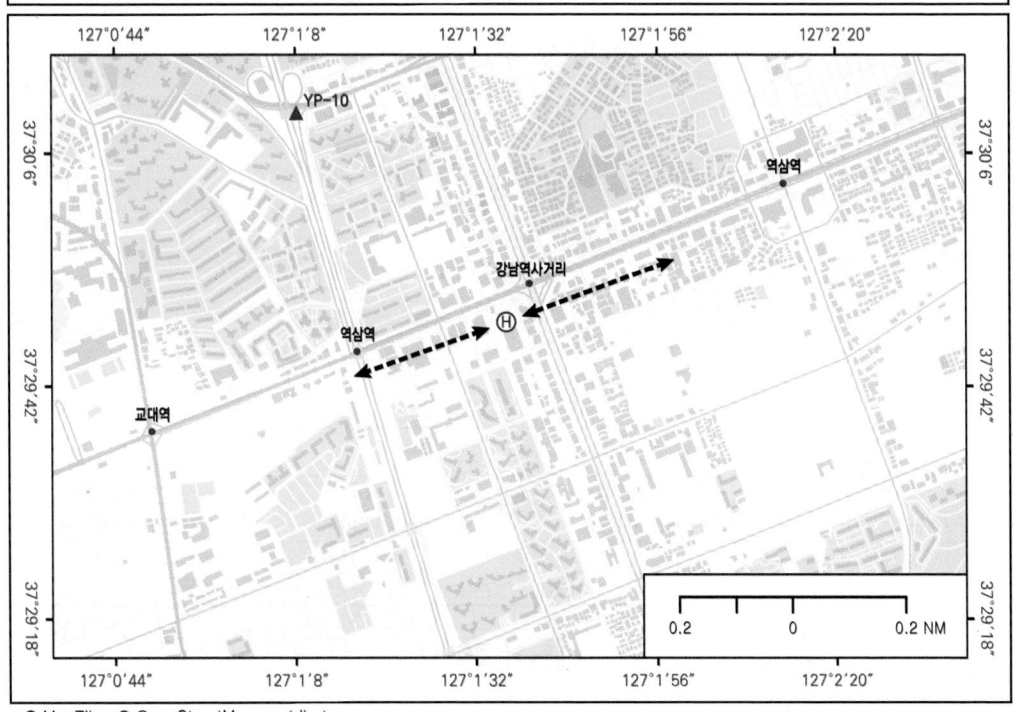

© MapTiler © OpenStreetMap contributors

ASI

지상 헬기장
VFR

–	JOCHIWON TWR	JUNGWON APP
	121.85 346.75 36.4	134.00

HELIPAD ELEV	Watch Man	JOCHIWON GND	RKUC RWY
350ft/106.5m	125.3	36.4	14–32

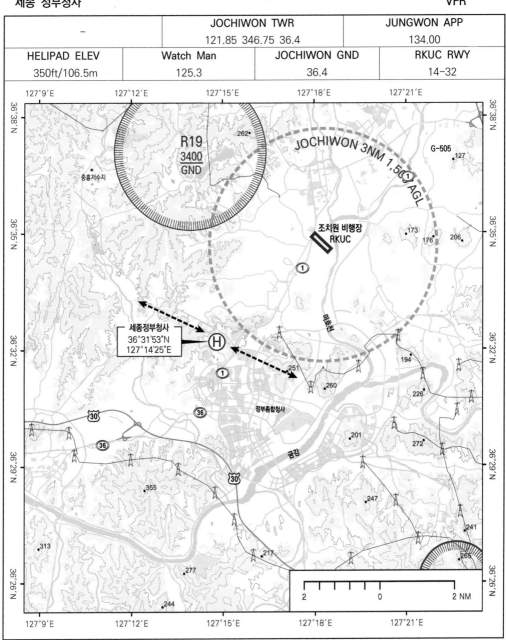

헬기장 정보

위치 좌표	36°31'52,70"N 127°14'24.51"E	주소지	세종특별자치시 고운동 2080
헬기장 표고	350ft / 106.5m	전화번호	044-200-1397
편차(VAR)	8° W	관제서비스	–

헬기장 운용 및 지원

PPR	입항 전 24시간 전	연료	–
운용시간	월 – 일(0000-0900Z)		

헬기장 현황

규격(m)	표면	운용기종	비고
65 × 75	CON	S-92, EC-225, AW-189	

입출항 절차 및 주의 사항

- 헬기장 북쪽 2.5NM R-19 위치로 입출항 시 주의 필요
- 육군 조치원 비행장 관제권 근접으로 입출항 시 조치원 TWR 교신 철저
- 입출항 경로
  - 북서쪽 접근 시 중흥저수지 남단에서 43번 국도 경유 접근
  - 남쪽 접근 시 서산영덕고도속도(30번) 및 세종 도심 경유 접근
  - 북서 및 남동 방향 이착륙 권장

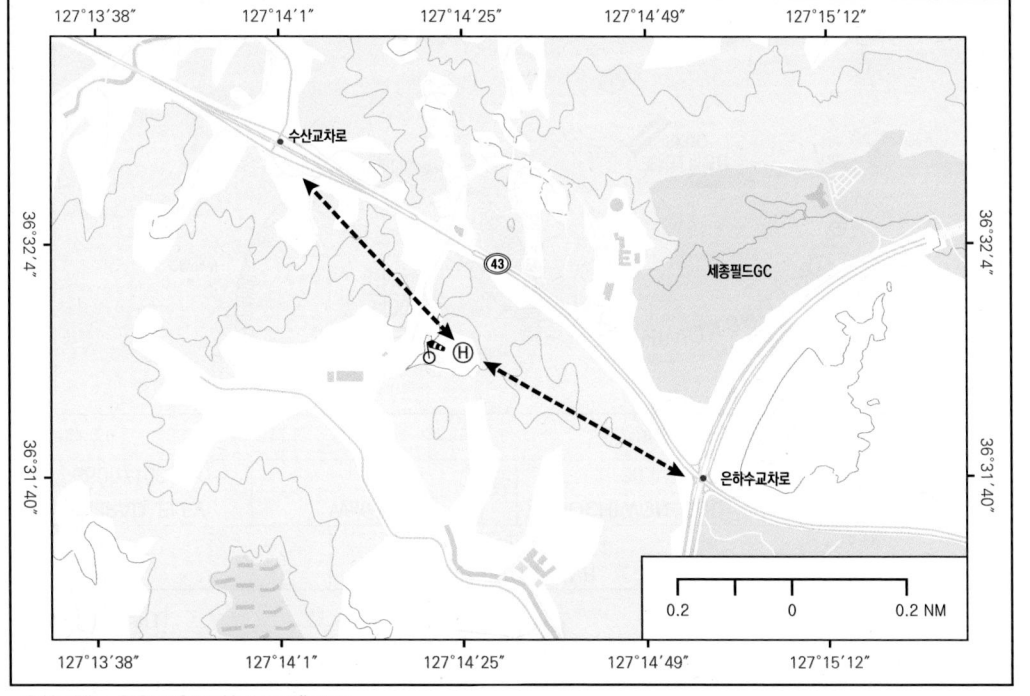

ASI

–		SUWON TWR		OSAN APP	
		126.2 236.6 244.4		127.9 234.3	
HELIPAD ELEV	Watch Man		SUWON GND	RKSW RWY	
239ft/72.9m	125.3		275.8	5(L/R)–33(R/L)	

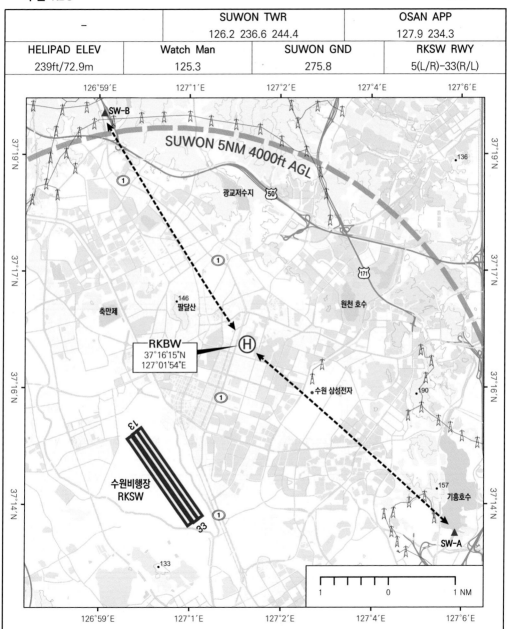

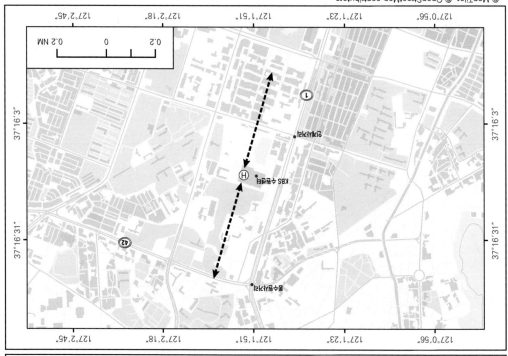

헬기장 정보

위치 좌표	36°31'52.70"N 127°1'53.86"E	주소	경기도 수원시 팔달구 인계동 292
헬기장 표고	239ft / 72.9m	전화번호	031-219-8000
편차(VAR)	8° W	관제서비스	-

헬기장 운영 및 지원

공용시간			
PPR	운항 전 24시간 전	연료	-
운용시간	월 - 일 (0000-0900Z)		

헬기장 현황

규모(m)	22 × 18	표면	CON	AW-139, S-76	비고
헬기장 유형	옥상형				

인근장애물 정보 및 주의 사항

• 수원비행장 관제권 내에 위치하여 인접 진 CP "A" 또는 CP "B"에서 TWR 교신 필지
• 북측 인접행 시 CP "B" 장주 진입 및 이탈
• 남측 인접행 시 CP "A" 장주 진입 및 이탈
• 헬기장은 KBS 수원센터 옥상에 위치하여, 주변 고층빌딩과 인근 산과 유의 접근 권장

RKBE
수원 삼성

◆ASI

옥상 헬기장
VFR

–	SUWON TWR		OSAN APP
	126.2 236.6 244.4		127.9 234.3
HELIPAD ELEV	**Watch Man**	**SUWON GND**	**RKSW RWY**
180ft/55.0m	125.3	275.8	5(L/R)–33(R/L)

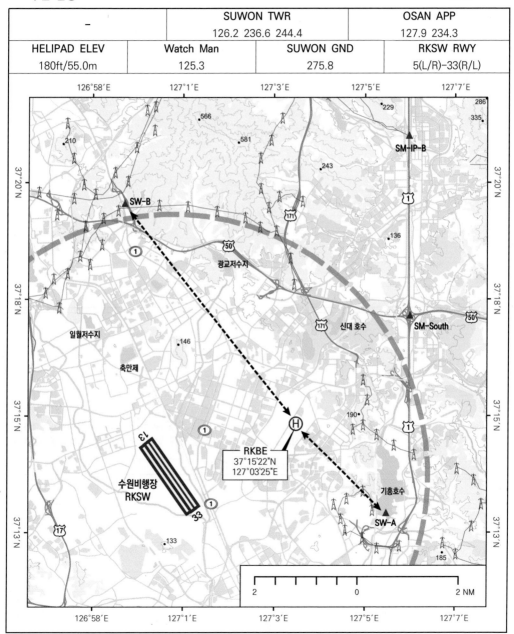

헬기장 정보

위치 좌표	37°15'21,62"N 127°3'24.87"E	주소지	경기도 수원시 영통구 삼성로 130
헬기장 표고	180ft/55.0m	전화번호	031-200-1114
편차(VAR)	8° W	관제서비스	–

헬기장 운용 및 지원

PPR	입항 전 24시간 전	연료	–
운용시간	월 - 일(0000-0900Z)		

헬기장 현황

규격(m)	표면	운용기종	비고
25 × 25	CON	AW-139, S-76	

입출항 절차 및 주의 사항

- 수원비행장 관제권 내에 위치하여 입항 전 CP "A" 또는 CP "B"에서 TWR 교신 철저
- 북쪽 입출항 시 CP "B" 경유 접근 및 이탈
- 남쪽 입출항 시 CP "A" 경유 접근 및 이탈
- 헬기장은 삼성 수원사업장 주차타워에 위치하며, 주변 건축물로 인해 남서↔북동 방향 입출항 권장

RKBD
양재 현대차

◈ASI

옥상 헬기장
VFR

–		SEOUL TWR		SEOUL APP	
		126.2 236.6 234.5		123.8 363.8	
HELIPAD ELEV	**Watch Man**		**SEOUL GND**	**RKSM RWY**	
428ft/130.5m	125.3		121.85 275.8	01-19 / 02-20	

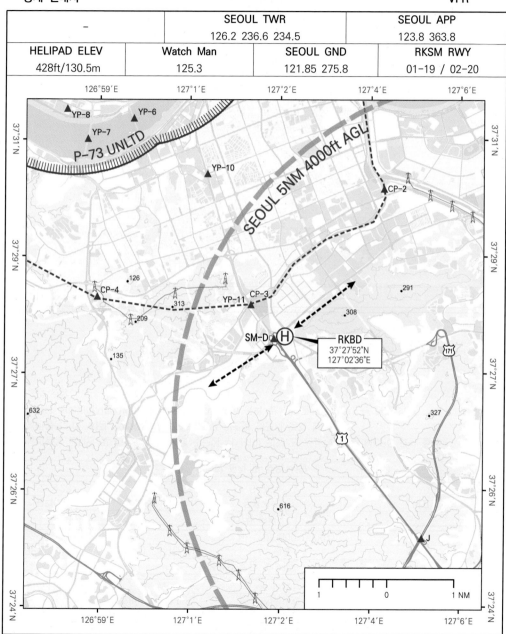

RKBD
37°27'52"N
127°02'36"E

SEOUL 5NM 4000ft AGL

P-73 UNLTD

© MapTiler © OpenStreetMap contributors

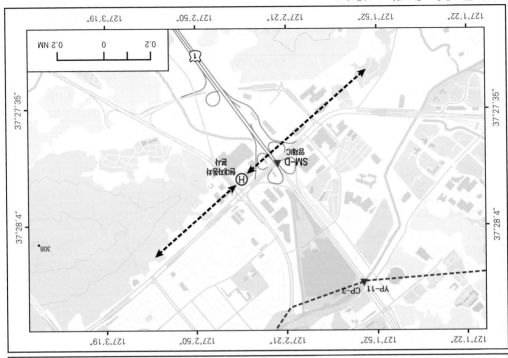

헬기장 정보

기준 좌표	37°27'51.52"N 127°2'36.02"E	소재지	서울특별시 서초구 헌릉로 12
헬기장 표고	428ft / 130.5m	전화번호	02-3464-6993
자북(VAR)	8° W	관제시설	-

헬기장 운용 및 지원

PPR	인월 전 24시간 전	연료	-
운용시간	일 - 일 (0000-0900Z)		

헬기장 형상 정보

규격(m)	표면	공항등화	비고
22 × 23	CON	S-76	

운용을 정지 및 주의 사항

- 서울비행장 관제권 및 P-73 시계비행로 인근이 이착륙시에 운용 전 사울TWR 및 MCRC 교신 협조
- 사울비행장 "D" 지점, 시계비행로 CP-3 장에 운용을 정지기 장치 협조
- 헬기장은 원내기(이자)회전날 속에에 이착륙이, 주차 위치 및 진입로 고려 진입 ↔ 북측 탈출

인용함 정확

RKBS

여의도 KBS

◆ASI

옥상 헬기장

VFR

–	GIMPO TWR		SEOUL APP	
	118.1 118.05 240.9		119.1 119.75 124.7 120.8	
HELIPAD ELEV	Watch Man	GIMPO GND	RKSS RWY	
174ft/53.0m	125.3	121.9 121.95	14(L/R)–32(R/L)	

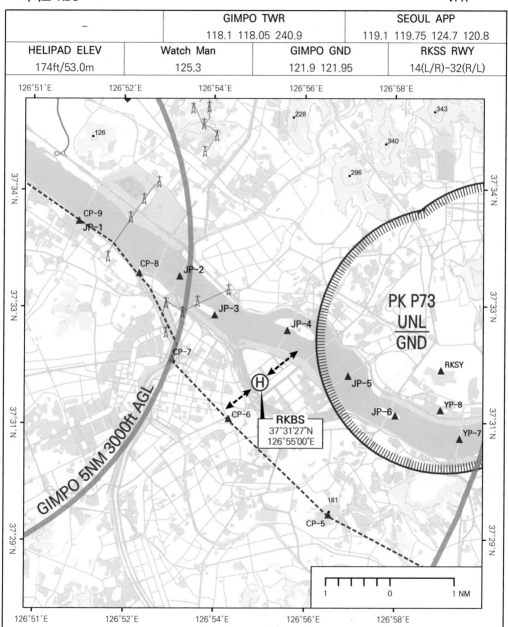

RKBS
37°31'27"N
126°55'00"E

PK P73
UNL
GND

GIMPO 5NM 3000ft AGL

263

헬기장 정보

위치 좌표	37°31'26,45"N 126°54'56.92"E	주소지	서울특별시 영등포구 여의공원로 13
헬기장 표고	174ft / 53.0m	전화번호	02-781-8733
편차(VAR)	8° W	관제서비스	–

헬기장 운용 및 지원

PPR	입항 전 24시간 전	연료	–
운용시간	월 – 일(0000-0900Z)		

헬기장 현황

규격(m)	표면	운용기종	비고
25 × 25	STL	AW-139, S-76	

입출항 절차 및 주의 사항

- P-73 시계비행로 내에 위치하여 입출항 시 MCRC 교신 철저
- P-73 비행금지구역과 1NM 이내에 위치하고 있어 입출항 시 주의 필요
- 헬기장은 KBS 본관 옥상에 위치하며, 주변 방송 안테나 및 건축물 고려 북동 ↔ 남서 방향 입출항 권장

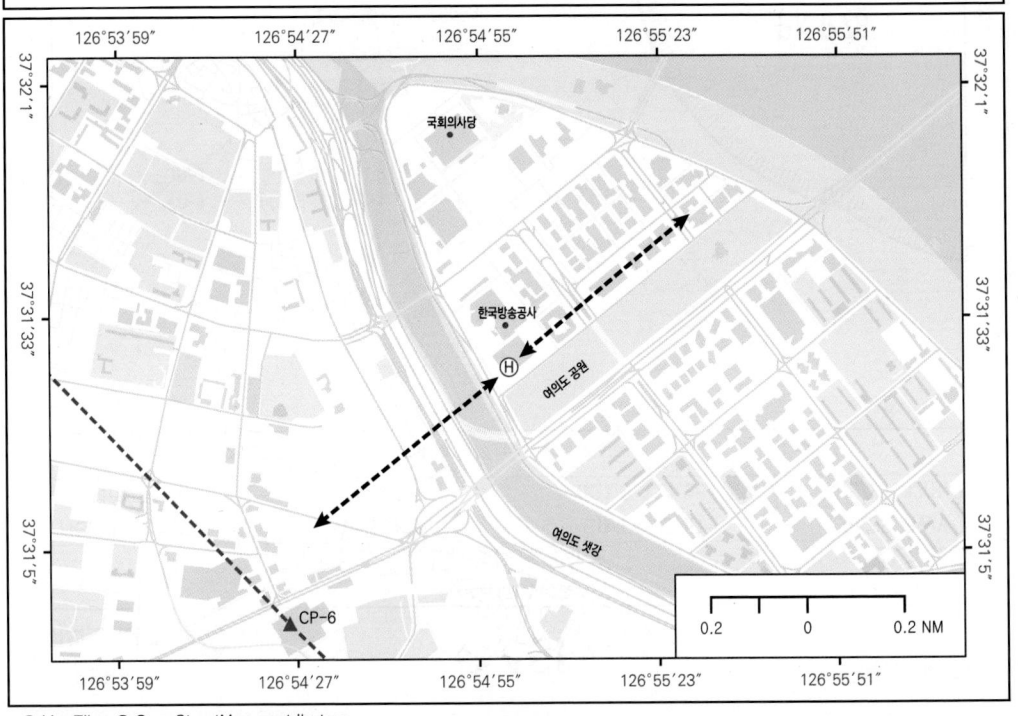

–	GIMPO TWR		SEOUL APP
	118.1 118.05 240.9		119.1 119.75 124.7 120.8
HELIPAD ELEV	**Watch Man**	**GIMPO GND**	**RKSS RWY**
496ft/151m	125.3	121.9 121.95	14(L/R)–32(R/L)

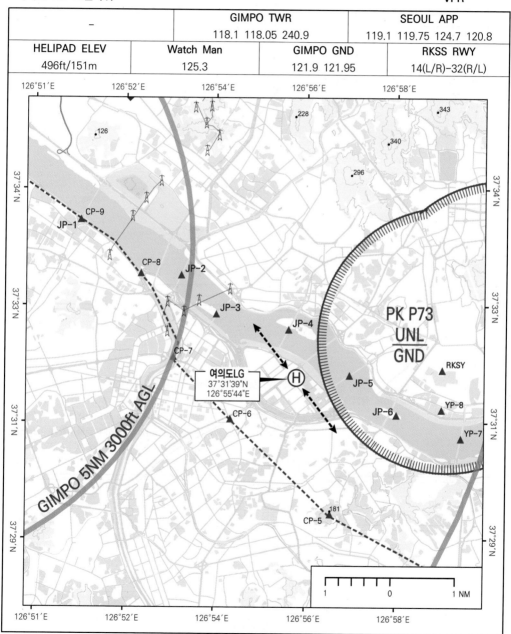

여의도LG
37°31'39"N
126°55'44"E

PK P73
UNL
GND

GIMPO 5NM 3000ft AGL

헬기장 정보

위치 좌표	37°31'39,78"N 126°55'44.39"E	주소지	서울특별시 영등포구 여의대로 128
헬기장 표고	496ft / 151m	전화번호	02-3777-1114
편차(VAR)	8° W	관제서비스	–

헬기장 운용 및 지원

PPR	입항 전 24시간 전	연료	–
운용시간	월 – 일(0000-0900Z)		

헬기장 현황

규격(m)	표면	운용기종	비 고
20 × 18.5	에폭시	AW-139, S-76	

입출항 절차 및 주의 사항

- P-73 시계비행로 내에 위치하여 입출항 시 MCRC 교신 철저
- P-73 비행금지구역과 1NM 이내에 위치하고 있어 입출항 시 주의 필요
- 헬기장은 LG트윈타워 옥상에 위치하며, P-73 및 주변 건축물 고려 북서 ↔ 남동 방향 입출항 권장
- LG 트윈타워 동쪽 아파트에서 소음민원 발생, 하계 운영 시 주의 필요

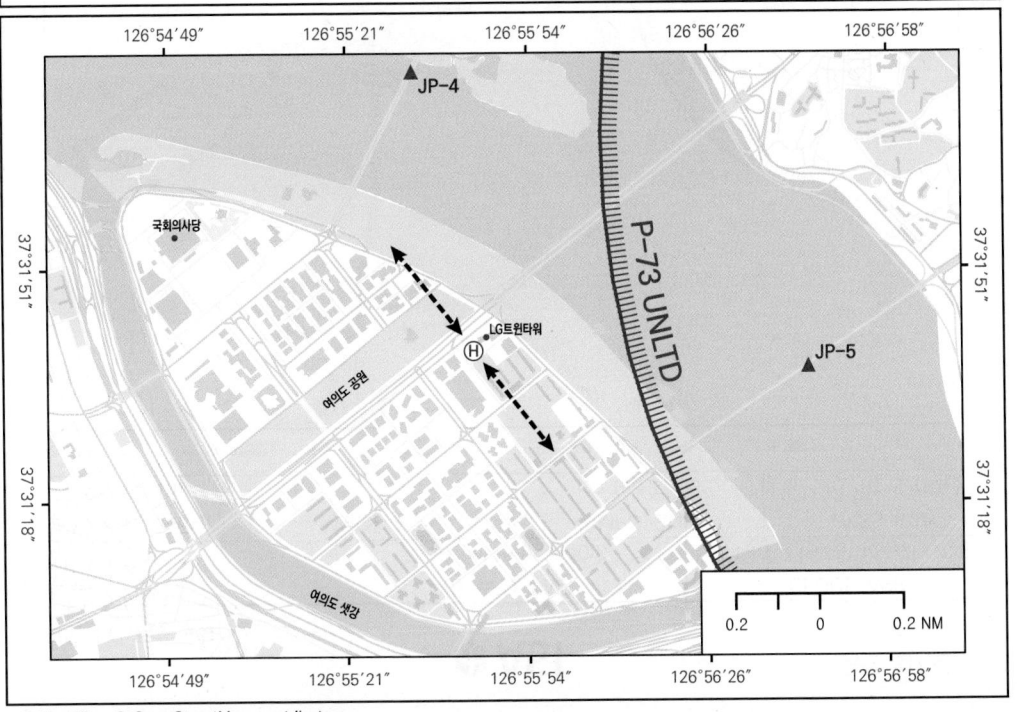

◈ASI

–	ULJIN TWR		ULJIN ARR	
	118.55 317.45		120.875 317.65	
HELIPAD ELEV	**Watch Man**	**ULJIN GND**	**RKTL RWY**	
915ft/279.0m	125.3	121.775 317.45	17-35	

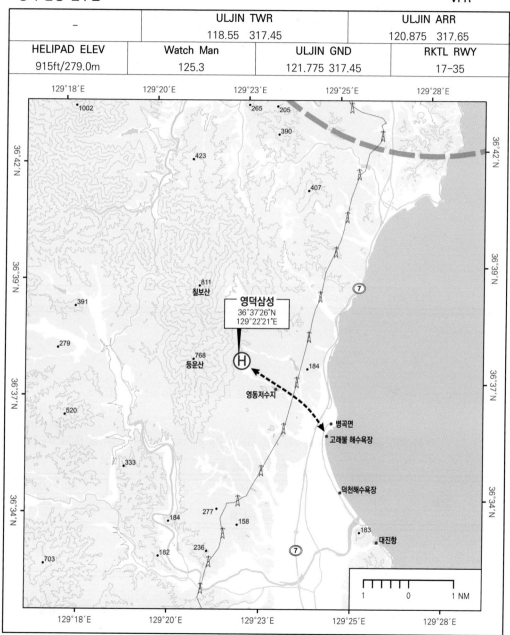

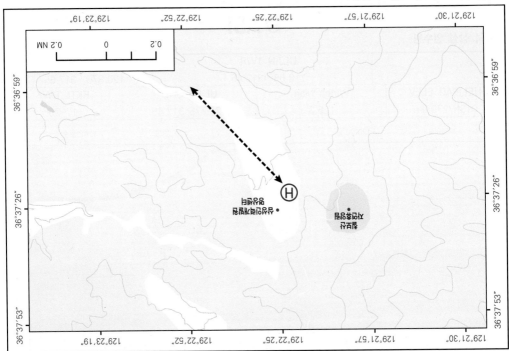

헬기장 정보

위치 좌표			
위치 좌표	36°37'26.09"N 129°22'21.17"E	영양군 입암면 방전리 봉감지구 71	
헬기장 표고	915ft/279.0m	관할관청	054-512-6112
편차(VAR)	8° W	관제시설	-

헬기장 공용 및 지원

PPR	인월 전 24시간 전	운영	-
공용시간	월 - 일(0000-0900Z)		

헬기장 정보

규격(m)	30 × 30	CON	S-92, EC-225, AW-189
표면	공용기장	비고	

인월항 정보 및 주의 사항

• 상공인지개척항 데이터 이기하여, 영양군 방전리 그동 해수영장에서 계재 따라 용항자사지 용항금지 구역

• 인월항 시 고압선 주의

• 헬기장 주변 지형의 지형들로 계재 방향으로 인항용항 권장

–	HAEMI TWR	HAEMI APP
	126.2 236.6 284.3	124.6 229.25

HELIPAD ELEV	Watch Man	HAEMI GND	RKTP RWY
96ft/29.3m	125.3	275.8	03(L/R)−21(R/L)

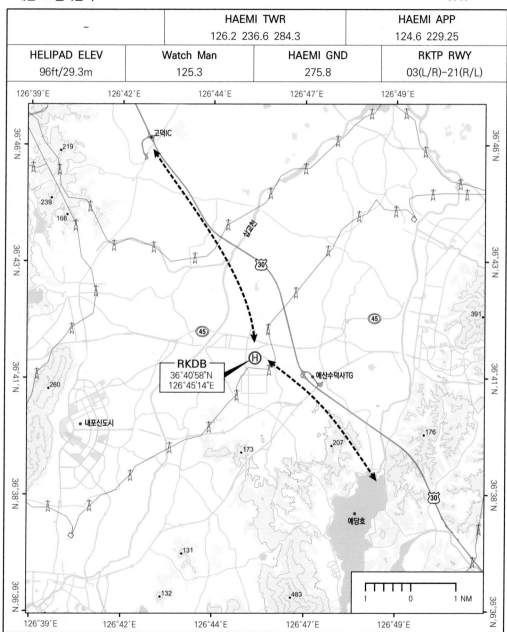

헬기장 정보

위치 좌표	36°40'57,70"N 126°45'13.62"E	주소지	충남 예산군 삽교읍 효림송석길 275
헬기장 표고	96ft/29.3m	전화번호	041-337-1991
편차(VAR)	9° W	관제서비스	VFR

헬기장 운용 및 지원

PPR	입항 전 24시간 전	연료	JET A-1
운용시간	월 - 일(0000-0900Z)		

입출항 절차 및 주의 사항

• 접근 방향
  - 남쪽 방향 : 남동쪽 4NM 예당호 북단에서 당진 · 영덕 고속도로(30번) 참조 접근
  - 북쪽 방향 : 북서쪽 5NM 고덕IC에서 고속도로(30번) 경유 접근
  - 동쪽 방향 : 동쪽 4NM 예산군에서 45번 국도 참조 접근

• 착륙 시
  - 헬기장 북쪽 ~ 동쪽 방향에서 중앙에 있는 Main Pad로 착륙

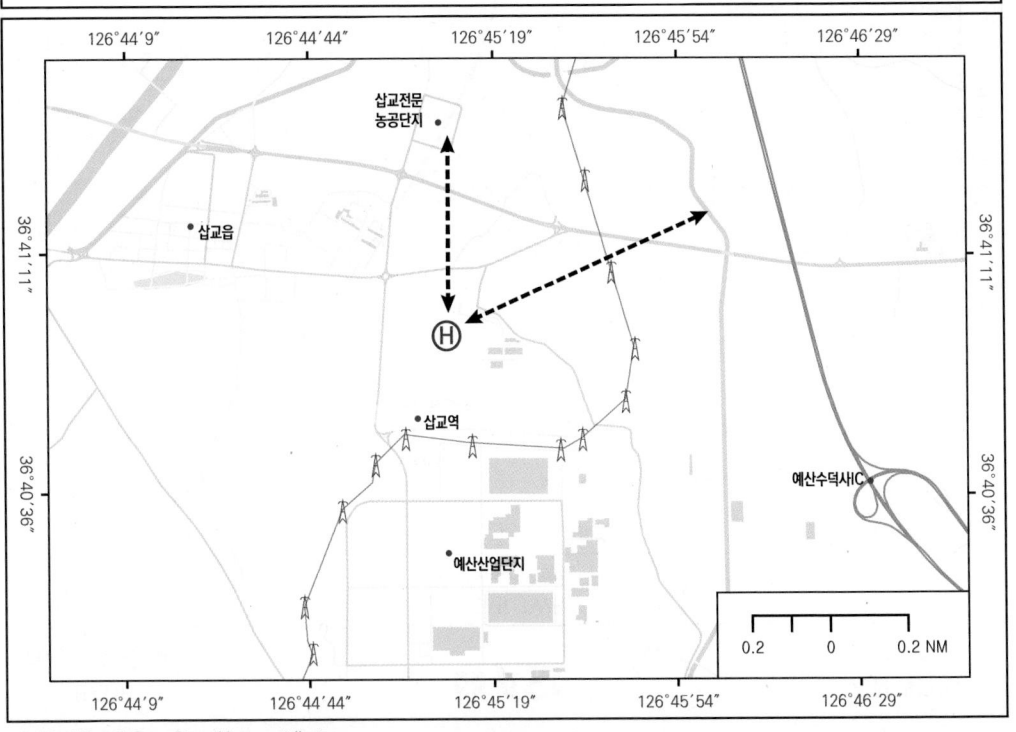

헬기장 현황

규격(m)	표면	운용기종	비 고
45 × 60	ASP	Mi-1872, S-92, EC-225	

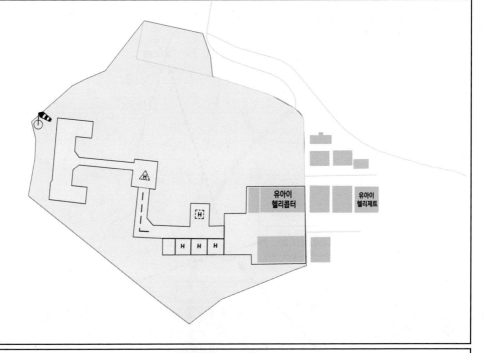

주의 및 참고 사항

- 헬기장 주변 소음 민원 다수 발생으로 고각 접근 권장
- 헬기장 내 드론 훈련장 위치로 입출항 시 드론 비행 주의 필요

오창 LG 헬기장

ASI

오창 LG 헬기장
VFR

1 NM

127°29'E 127°27'E 127°24'E 127°22'E 127°19'E

36°38'N
36°40'N
36°43'N
36°46'N

•348
•233
•127
1
35
206•
172•
458•
•271
236•
247•
•248
•317
292•
189•
207•
247•
141•
•229
32
35

오창LG
36°41'50"N
127°24'41"E
(H)

오창IC
오창JC
옥산JC
옥산 ▲
옥산IC
미호강
청주IC
청원IC

RKTU
청주공항

CHEONGJU 5NM 500ft AGL

JUNGWON APP	CHEONGJU TWR		
134.00	118.7 126.2		–
HELIPAD ELEV	Watch Man	CHEONGJU GND	RKTU RWY
206ft/62.8m	125.3	121.875	06(L/R)-24(R/L)

헬기장 정보

위치 좌표	36°41'49.65"N 127°24'40.20"E	주소지	청주시 흥덕구 옥산면 과학산업3로 28
헬기장 표고	206ft / 62.8m	전화번호	043 · 219 · 7114
편차(VAR)	8° W	관제서비스	–

헬기장 운용 및 지원

PPR	입항 전 24시간 전	연료	–
운용시간	월 – 일(0000-0900Z)		

헬기장 현황

규격(m)	표면	운용기종	비고
20.5 × 20.3	에폭시	AW-139, S-76	

입출항 절차 및 주의 사항

- 청주 공항 관제권 내에 위치하고 있어 입출항 시 청주 공항 입출항 절차 준수 및 TWR 교신 철저
- 입출항 시 경유 지점
  - 서쪽 : 옥산 JC, 북쪽 : 오창 JC, 남쪽 : 청주 IC
- 헬기장은 LG에너지솔루션 옥상 주차장 내에 위치하며, 주변 건축물 고려 남동 ↔ 북서 방향 입출항 권장
- 헬기장 북서쪽 저고도 송전선로 위치로 주의 필요(북쪽 고압선 통과 1300ft 이상 유지)
- 착륙장 동쪽 아파트 단지 밀집지역으로 소음 민원 유의
- 동쪽 호수공원 방향으로 39층 고층 아파트(롯데캐슬) 유의

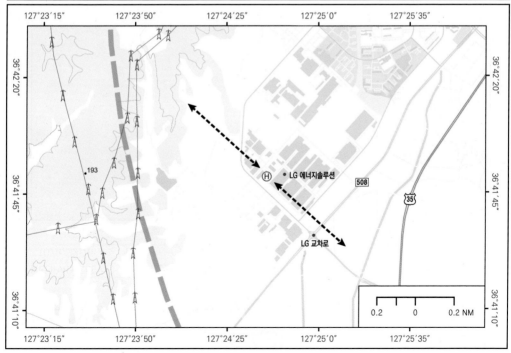

© MapTiler © OpenStreetMap contributors

HELIPAD ELEV	Watch Man	GIMHAE GND	RKPK RWY
107ft/32.7m	125.3	121.9 275.8	18(L/R)-36(R/L)

GIMHAE APP	GIMHAE TWR		
125.5 364.0	118.1 118.45 233.3 236.6		–

RKPI
유성 환경요양

♦ASI

VFR
자성 활동기장

유성환경요양
34°51'49"N
128°42'16"E

헬기장 정보

위치 좌표	34°51'48,78"N 128°42'15.64"E	주소지	경상남도 거제시 거제대로 3370
헬기장 표고	107ft / 32.7m	전화번호	055-735-2114
편차(VAR)	8° W	관제서비스	–

헬기장 운용 및 지원

PPR	입항 전 24시간 전	연료	–
운용시간	월 - 일(0000-0900Z)		

헬기장 현황

규격(m)	표면	운용기종	비고
20 × 20	CON	AW-139, S-76	헬리패드 4개 설치

입출항 절차 및 주의 사항

- 북서쪽(고성군, 창원시) 진입 시 거제시 경유 옥포산업단지 방향으로 진입
- 북동쪽(김해, 부산) 진입 시 거가대교, 거제도 해안선 경유 옥포산업단지 방향으로 진입
- 지상 헬기장으로 Main Pad 주변 2~4번 PAD 배치
- 주변 장애물 고려 동서방향 입출항 권장

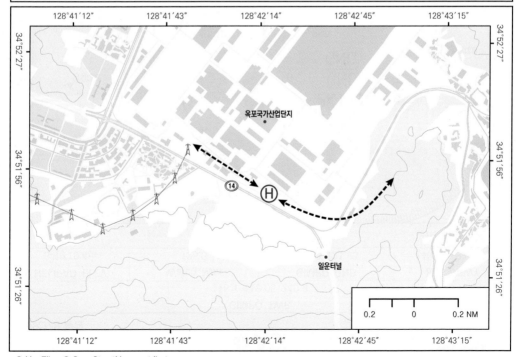

◆ ASI

–	GIMPO TWR		SEOUL APP	
	118.1 118.05 240.9		119.1 119.75 124.7 120.8	
HELIPAD ELEV	Watch Man	GIMPO GND	RKSS RWY	
34ft/10.4m	125.3	121.9 121.95	14(L/R)-32(R/L)	

PK P73
UNL
GND

RKBJ
37°30′59″N
126°57′42″E

JP-2
JP-3
양화대교
JP-4
서강대교
원효대교
JP-5
CP-6
JP-6
CP-5
·181
·173
YP-4
동호대교
RKSY
한남대교
YP-5
YP-8
YP-6
반포대교
YP-7
동작대교
·160
·165
·126
CP-4
·313
YP-11
·209

1   0   1 NM

헬기장 정보

위치 좌표	37°30'59,20"N 126°57'41.79"E	주소지	서울특별시 용산구 이촌동 302-185
헬기장 표고	34ft / 10.4m	전화번호	02-749-4500
편차(VAR)	8° W	관제서비스	–

헬기장 운용 및 지원

PPR	입항 전 24시간 전	연료	–
운용시간	월 – 일(0000-0900Z)		

헬기장 현황

규격(m)	표면	운용기종	비고
25 × 25	CON	S-92, EC-225, AW-189	헬리패드 3개 운용

입출항 절차 및 주의 사항

- P-73 비행금지구역 내에 위치하고 있어 P-73 시계비행 절차 준수 철저
- 헬기장은 노들섬 동쪽에 위치하며, 주변 장애물 고려 남 ↔ 북 방향 입출항 권장

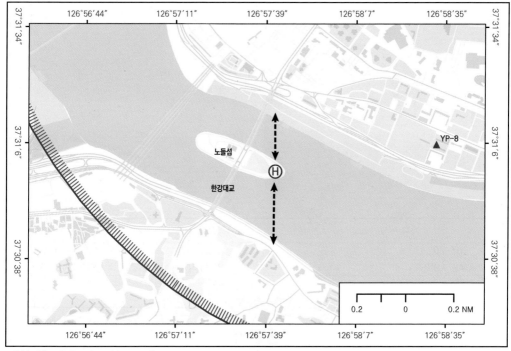

| RKBP | | ASI ◈ | VFR | 시각 접근기장 |

용인 에바원드

VFR

시각 접근차트

SEOUL APP	YONGIN TWR		
123.8 119.1 363.8	132.25 345.7 38.5	–	

HELIPAD ELEV	Watch Man		RKRY RWY
413ft/126.0m	125.3	–	02-20

Map content:

- 1 NM scale
- YONGIN 3NM 1500ft AGL
- R-35(MAESANRI) 2NM 2500'
- **RKBP** 37°17'45"N 127°12'29"E
- H
- 용인비행장 RKRY 02 / 02
- 사성요JC
- North, West, East
- 등원교차로
- 곤지듀, 반여울

Coordinates: 127°7'E, 127°9'E, 127°12'E, 127°14'E, 127°17'E
37°13'N, 37°16'N, 37°18'N, 37°21'N, 37°23'N

Elevation spot values: 153, 427, 396, 641, 570, 461, 497, 286, 335, 221, 43, 45, 383, 471, 400, 403, 352, 349, 50

헬기장 정보

위치 좌표	37°17'45,44"N 127°12'29.49"E	주소지	용인시 처인구 포곡읍 애버랜드로 199
헬기장 표고	413ft/126.0m	전화번호	031-320-8988
편차(VAR)	8°W	관제서비스	–

헬기장 운용 및 지원

PPR	입항 전 24시간 전	연료	–
운용시간	월 – 일(0000-0900Z)		

헬기장 현황

규격(m)	표면	운용기종	비고
25 × 25	ASP	S-92, EC-225, AW-189	

입출항 절차 및 주의 사항

- 육군 용인비행장 관제권 내에 위치하고 있어 입출항 시 용인 입출항 절차 준수 및 TWR 교신 철저
- 북쪽 2NM 지점에 비행제한구역(R-35) 위치하고 있어 입출항 시 MCRC 교신 철저
- 입출항 시 경유 지점
  - 북쪽 : North 지점, 서쪽 : West 지점, 남쪽 : A 지점
- 헬기장은 용인 에버랜드 스피드웨이 내에 위치하고 있으며, 주변 장애물 고려 동쪽 및 북서쪽 입출항 권장

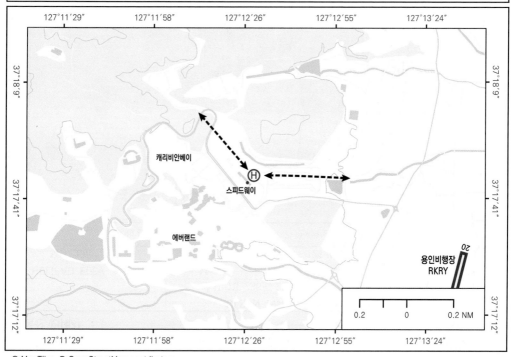

	ULSAN TWR	POHANG APP
–	118.75 236.6 225.55	124.25 120.2 232.4

HELIPAD ELEV	Watch Man	ULSAN GND	RKPU RWY
5ft/1.5m	125.3	121.75	18-36

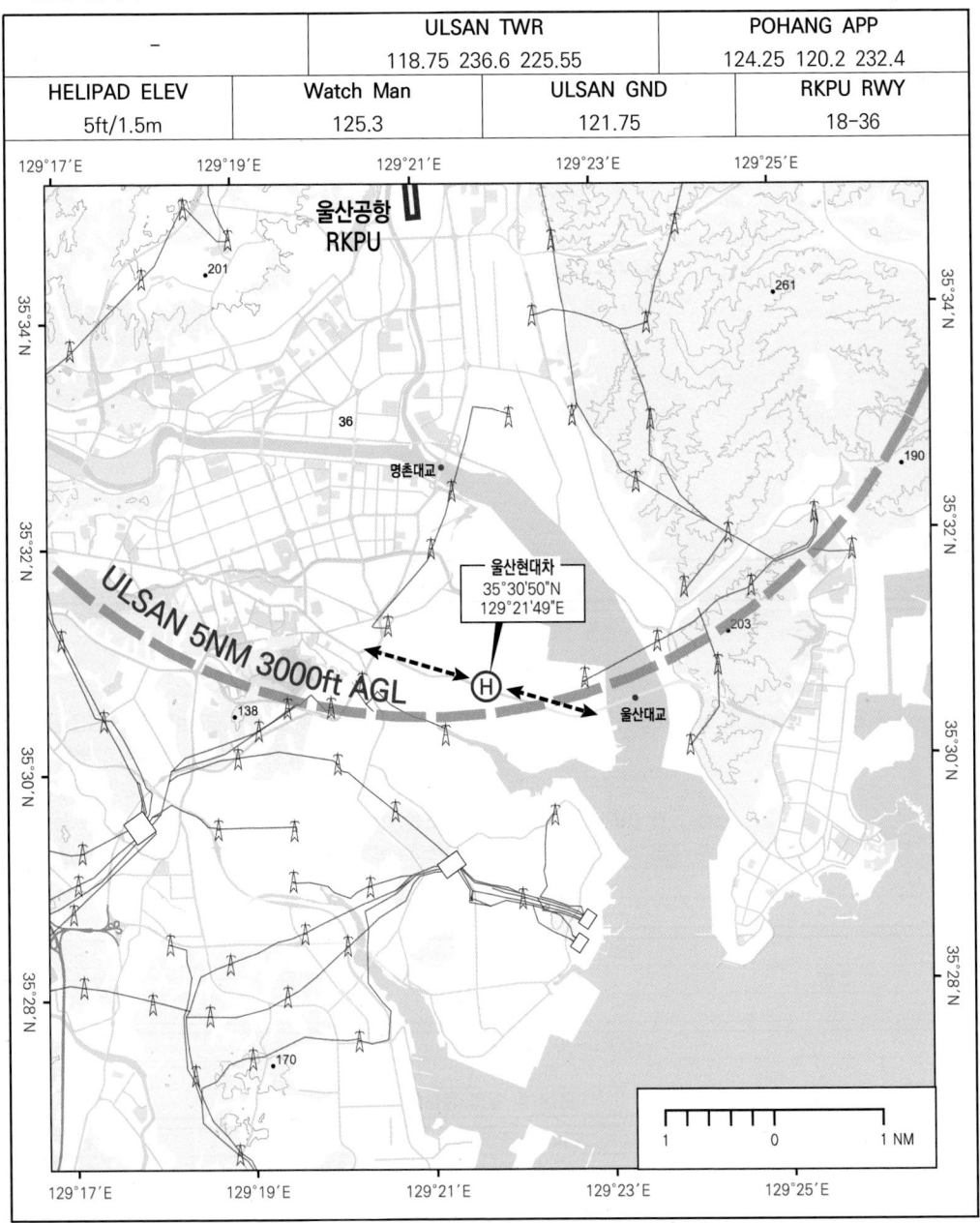

헬기장 정보

위치 좌표	35°30'50.23"N 129°21'48.80"E	주소지	울산광역시 남구 장생포로 244
헬기장 표고	5ft / 1.5m	전화번호	02-3464-6993
편차(VAR)	8° W	관제서비스	–

헬기장 운용 및 지원

PPR	입항 전 24시간 전	연료	–
운용시간	월 – 일(0000-0900Z)		

헬기장 현황

규격(m)	표면	운용기종	비고
25 × 25	CON	S-92, EC-225, AW-189	

입출항 절차 및 주의 사항

- 울산공항 관제권 내에 위치하고 있어 입출항 시 울산공항 입출항 절차 준수 및 울산 TWR 교신 철저
- 입출항 시 울산 공항 남단 경유, 태화강 및 현대차 울산 공장 참조
- 울산공항 입출항 항적 경계 및 주변 공장 굴뚝 유의하여 동쪽 ↔ 서쪽 방향으로 접근 및 이륙

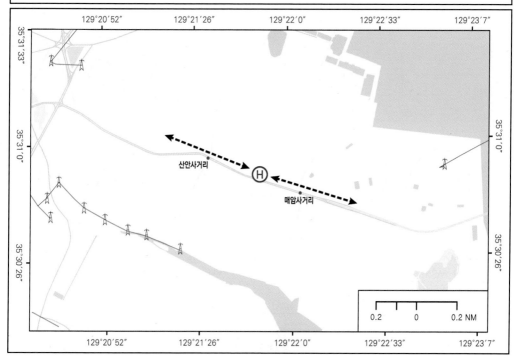

SUWON 5NM 4000ft AGL

RKBF
37°19'34"N
126°57'05"E

RKBF 인천 헬기장	ASI	수원 헬기장 VFR

OSAN APP	SUWON TWR	-
127.9 234.3	126.2 236.6 244.4	-

HELIPAD ELEV	Watch Man	SUWON GND	RKSW RWY
526ft/160.4m	125.3	275.8	5L(/R)-33(R/L)

282

© MapTiler © OpenStreetMap contributors

헬기장 정보

위치 좌표	37°19'33,95"N 126°57'5.29"E	주소지	경기도 의왕시 철도박물관로 37
헬기장 표고	526ft/160.4m	전화번호	031-596-0025
편차(VAR)	8° W	관제서비스	–

헬기장 운용 및 지원

PPR	입항 전 24시간 전	연료	–
운용시간	월 – 일(0000-0900Z)		

헬기장 현황

규격(m)	표면	운용기종	비고
20 × 20	CON	AW-139, S-76	

입출항 절차 및 주의 사항

- 수원비행장 관제권에 근접하여 입항 전 수원 TWR 교신 철저
- 헬기장 주변 고압선 및 장애물 산재로 입출항 시 주의 철저
- 헬기장은 현대모비스 의왕연구소에 위치하며, 주변 장애물 고려 남 ↔ 북 방향 입출항 권장

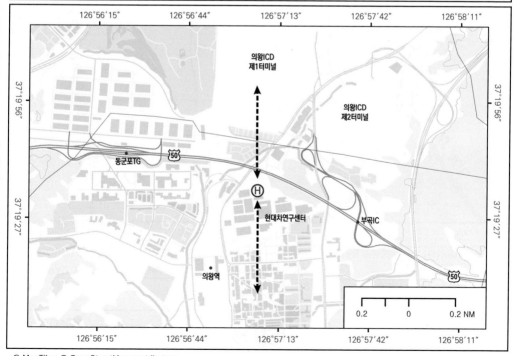

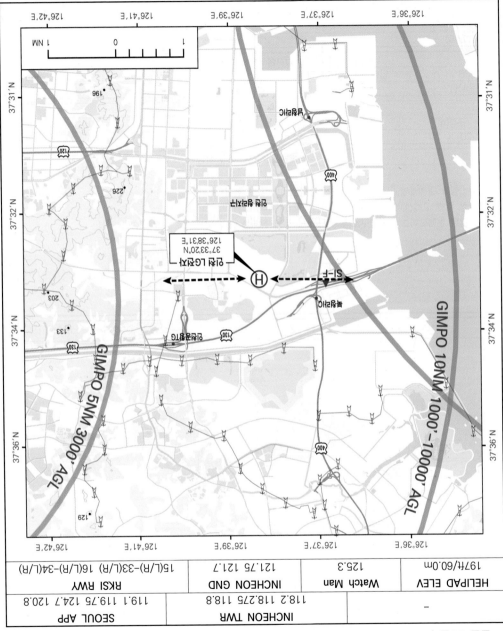

인천 LG청자

ASI

VFR
수상 헬기장

HELIPAD ELEV	Watch Man	INCHEON GND	RKSI RWY
197ft/60.0m	125.3	121.75 121.7	15(L/R)-33(L/R) 16(L/R)-34(L/R)
–		INCHEON TWR	SEOUL APP
		118.2 118.275 118.8	119.1 119.75 124.7 120.8

인천 LG청자

GIMPO 5NM 3000' AGL

GIMPO 10NM 1000'-10000' AGL

인천 LG청자
37°33'20"N
126°38'31"E

SI-F

1 NM 0 1

헬기장 정보

위치 좌표	37°33'19,70"N 126°38'30.67"E	주소지	인천광역시 서구 경명대로 322
헬기장 표고	197ft/60.0m	전화번호	032-723-1114
편차(VAR)	8° W	관제서비스	–

헬기장 운용 및 지원

PPR	입항 전 24시간 전	연료	–
운용시간	월 – 일(0000-0900Z)		

헬기장 현황

규격(m)	표면	운용기종	비고
35.4 × 35.4	에폭시	AW-139, S-76	

입출항 절차 및 주의 사항

• 서울 APP 관제권 내에 위치하여 입출항 시 서울 APP 및 인천 TWR 통제
• 입출항 시 서울 APP, 김포 TWR 교신 철저
• 헬기장은 LG전자 인천캠퍼스 옥상 위치하며, 주변 장애물 고려 동 ↔ 서 방향 입출항 권장
• 청라지구 고층건물(58층 청라푸르지오)이 다수 밀집되어 저시정 하 강하 시 유의 필요 및 경로 우회 필요
• 남쪽으로 청라지구 아파트 밀집지역으로 입출항 시 소음민원 발생 우려, 외곽 우회경로 선정 필요

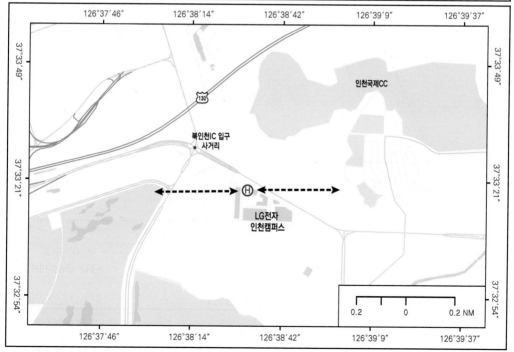

RKSJ
성남 고수부지

ASI

VFR
시계 비행 방식

HELIPAD ELEV	Watch Man	SEOUL GND	RKSM RWY
33ft/10.0m	125.3	121.85 275.8	01-19 / 02-20
SEOUL APP	SEOUL TWR		
123.8 363.8	126.2 236.6 234.5		–

Map labels:

- RKSJ 37°31'10"N 127°04'20"E
- SEOUL 5NM 4000ft AGL
- PK P73 UNL/GND
- CP-3, CP-2, CP-1, CP-22, CP-23
- YP-1, YP-2, YP-3, YP-4, YP-5, YP-10
- Spot elevations: 308, 291, 313, 173, 296, 349
- 37°29'N, 37°31'N, 37°32'N, 37°34'N
- 127°1'E, 127°2'E, 127°4'E, 127°6'E, 127°8'E
- 1 NM scale

헬기장 정보

위치 좌표	37°31'9,50"N 127°4'19.67"E	주소지	서울특별시 송파구 한가람로 65
헬기장 표고	33ft / 10.0m	전화번호	02-419-4114
편차(VAR)	8° W	관제서비스	–

헬기장 운용 및 지원

PPR	입항 전 24시간 전	연료	–
운용시간	월 – 일(0000-0900Z)		

헬기장 현황

규격(m)	표면	운용기종	비고
20.5 × 20.5	CON	AW-139, S-76	헬리패드 3개 운용

입출항 절차 및 주의 사항

- 서울비행장 관제권 및 P-73 시계비행로 인근에 위치하여 입출항 시 서울TWR 및 MCRC 교신 철저
- 헬기장 서쪽 2NM 부근 P-73 위치하고 있어 입출항 시 주의 필요
- 한강 주변 시계비행로 경유 저고도 항공기 경계 철저
- 헬기장은 한강 변에 위치하며, 주변 장애물 및 공역 고려 북동 ~ 북서 방향 입출항 권장
- 한강 자전거도로 도보 산책 또는 자전거 라이더 경계 필요, 한강에서 직각 입출항 추천
- CP-3 ~ CP-1 구간 도심 밀집지구로 소음민원 고려 시계비행로 외곽 비행 준수

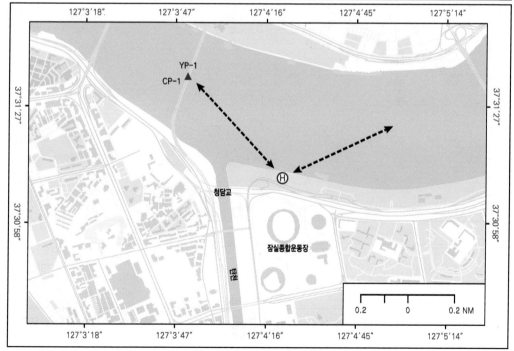

✦ASI

-	JINHAE TWR	GIMHAE APP
	126.2 350.00	125.5 364.0

HELIPAD ELEV	Watch Man	JINHAE GND	RKPE RWY
53ft/16.3m	125.3	120.20	18-36

창원두산
35°11'09"N
128°36'04"E

JINHAE 5NM 3000' AGL

진해비행장
RKPE

© MapTiler © OpenStreetMap contributors

헬기장 정보

위치 좌표	35°11'8,93"N 128°36'3.53"E	주소지	경상남도 창원시 성산구 두산볼보로 22
헬기장 표고	53ft / 16.3m	전화번호	041-550-6334
편차(VAR)	8° W	관제서비스	–

헬기장 운용 및 지원

PPR	입항 전 24시간 전	연료	–
운용시간	월 – 일(0000-0900Z)		

헬기장 현황

규격(m)	표면	운용기종	비고
20 × 20	CON	AW-139, S-76	

입출항 절차 및 주의 사항

- 해군 진해비행장 관제권 인근에 위치하여 입출항 시 진해 TWR 교신 철저
- 진해비행장 "A" 지점 경유 입출항 저고도 항공기 경계 철저
- 헬기장은 두산 에너빌리티 본사 옆 지상에 위치하며, 동 ↔ 서 방향 입출항 권장

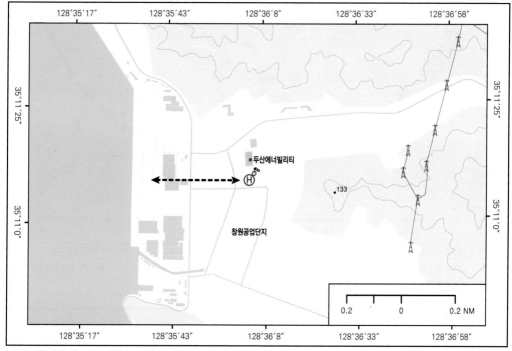

© MapTiler © OpenStreetMap contributors

RKTU
청주 RHF

❖ASI

시계 활주장
VFR

HELIPAD ELEV	Watch Man	CHEONGJU GND	RKTU RWY
168ft/51.3m	125.3	121.875	06(L/R)-24(R/L)

	CHEONGJU TWR		JUNGWON APP
–	118.7 126.2		134.00

CHEONGJU 5NM 5000ft AGL

RHF
36°43'34"N
127°30'01"E

RKTU
청주공항

06
24

36°40'N
36°43'N
36°45'N
36°48'N

127°24'E
127°27'E
127°29'E
127°32'E
127°34'E

1 NM
0
1

TU-E
TU-D

543
582
346
348
207
128
281
257
170
141
189
247
207
351
292
403
269

35
32
33
35

용정IC
오송
오송IC
증평IC

마율
오창

헬기장 정보

위치 좌표	36°43'34.11"N 127°30'1.08"E	주소지	충청북도 청원구 내수읍 오창대로 980
헬기장 표고	168ft / 51.3m	전화번호	043-712-5000
편차(VAR)	8° W	관제서비스	–

헬기장 운용 및 지원

PPR	입항 전 24시간 전	연료	JET A-1
운용시간	월 – 일(0000-0900Z)		

헬기장 현황

규격(m)	표면	운용기종	비고
30 × 30	CON	S-92, EC-225, AW-189	

입출항 절차 및 주의 사항

- 공군 청주비행장 관제권 내에 위치하고 있어 입출항 시 청주 공항 절차 준수 및 TWR 교신 철저
- 입출항 방향은 오창 경유 주변 건축물 및 공항 절차에 따라 북쪽 방향 권장

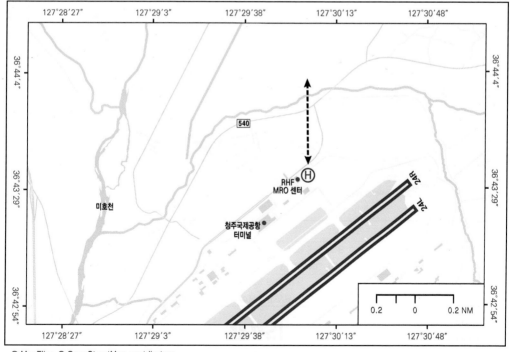

© MapTiler © OpenStreetMap contributors

RKTS	✿ ASI	포항 표지공
자항 헬기장		VFR

POHANG APP	POHANG TWR	
124.25 120.2 232.4	118.05 236.6 308.5	–

HELIPAD ELEV	Watch Man	POHANG GND	RKTH RWY
15ft/4.6m	125.3	126.2 275.8	10 – 28

RKTS
35°59'59"N
129°23'06"E

POHANG 5NM 3000' AGL

RKTH
28 · 10

TH-E
TH-N

1 NM

35°56'N 35°58'N 36°0'N 36°2'N 36°4'N

129°19'E 129°21'E 129°23'E 129°25'E 129°27'E

헬기장 정보

위치 좌표	35°59'59.13"N 129°23'5.78"E	주소지	경상북도 포항시 남구 동해안로 6261
헬기장 표고	15ft/4.6m	전화번호	054-220-0826
편차(VAR)	9° W	관제서비스	–

헬기장 운용 및 지원

PPR	입항 전 24시간 전	연료	JET A-1
운용시간	월 – 일(0000-0900Z)		

입출항 절차

- 포항공항 관제권 내에 위치하여 관제권 진입 전 포항 APP/TWR 교신 및 VFR 위치보고 지점 경유 진입
- 접근 및 착륙
    - 포항 "E" → 포스코대로 → 형산대교 경유 접근
    - 북서방향에서 31번 국도 우측을 따라 착륙
    - 헬기장 북서 방향 한방항 이착륙
- 출항 : 이륙 전 포항 TWR 교신 및 이륙 인가 후 이탈

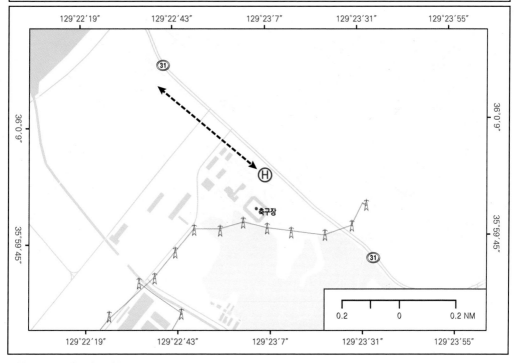

□ 서울·인천 지역

© MapTiler © OpenStreetMap contributors

범례:
- 군비행장
- 민간공항
- 민군합동공항
- 이착륙장